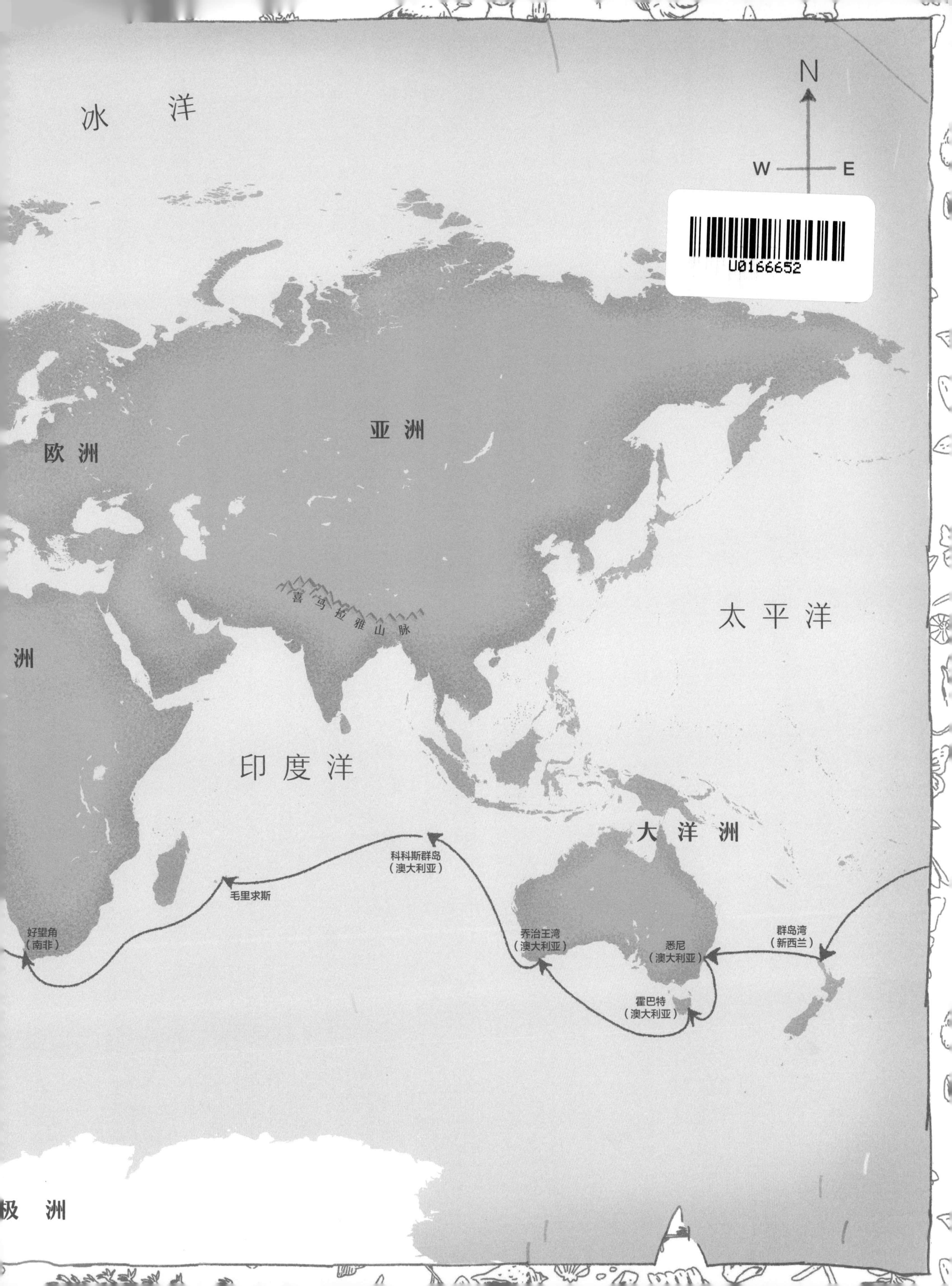

冰 洋
N
W
E
亚洲
欧洲
喜马拉雅山脉
太平洋
洲
印度洋
大洋洲
科科斯群岛
（澳大利亚）
毛里求斯
好望角
（南非）
乔治王湾
（澳大利亚）
悉尼
（澳大利亚）
群岛湾
（新西兰）
霍巴特
（澳大利亚）
极 洲

[英] 亚力山德拉·斯图尔特 著 [英] 乔·托德－斯坦顿 绘 苗德岁 译

达尔文与胡克

给孩子的《物种起源》诞生记

山东人民出版社·济南
国家一级出版社 全国百佳图书出版单位

献给弗洛拉、杰克和邱园的所有小小探索家——无论是过去的、现在的，还是将来的。

——亚力山德拉·斯图尔特

作者致谢

非常感谢埃米莉·鲍尔、伊索贝尔·多斯特、凯蒂·克努顿和伊莱恩·康诺利，感谢他们的耐心、辛勤工作和热心支持；感谢邱园的吉娜·富利洛夫、凯瑟琳·哈林顿、戴维·戈德、朱莉娅·威利森和莎伦·威洛比，感谢他们宝贵的专业建议，并有机会让我见到令人惊叹的约瑟夫·道尔顿·胡克档案。特别感谢斯特劳德学校的科学主管安格斯·里德的宝贵建议。衷心感谢才华横溢的乔·托德－斯坦顿绘制了迷人而温馨的插图。最后，非常感谢琼蒂、弗洛拉和杰克，感谢他们在多次愉快的邱园之旅中给予我的无穷无尽的鼓励和宝贵的陪伴。

图书在版编目（CIP）数据

达尔文与胡克 ：给孩子的《物种起源》诞生记 /
（英）亚力山德拉·斯图尔特著 ；（英）乔·托德－斯坦顿
绘 ；苗德岁译． — 济南 ：山东人民出版社，2023.10
ISBN 978-7-209-14671-5

Ⅰ．①达… Ⅱ．①亚… ②乔… ③苗… Ⅲ．①物种起
源－少儿读物 Ⅳ．①Q111.2-49

中国国家版本馆CIP数据核字（2023）第102668号

审图号：GS鲁（2023）0218号

山东省版权局著作权合同登记号　图字：15-2023-67

达尔文与胡克：给孩子的《物种起源》诞生记
DA'ERWEN YU HUKE: GEIHAIZI DE WUZHONGQIYUAN DANSHENGJI
［英］亚力山德拉·斯图尔特 著　［英］乔·托德－斯坦顿 绘　苗德岁 译
责任编辑：张波　特约编辑：杨兆鑫　七月　装帧设计：刘邵玲　邱兴赛

主管单位　山东出版传媒股份有限公司
出　　版　山东人民出版社
出 版 人　胡长青
社　　址　济南市市中区舜耕路517号
邮　　编　250003
电　　话　总编室（0531）82098914
　　　　　市场部（0531）82098027
网　　址　http://www.sd-book.com.cn
印　　装　鹤山雅图仕印刷有限公司
发　　行　青豆书坊（北京）文化发展有限公司
规　　格　8开（238mm × 305mm）
印　　张　10
字　　数　90千字
版　　次　2023年10月第1版
印　　次　2023年10月第1次
ISBN 978-7-209-14671-5
定　　价　108.00元

如有印装质量问题，请向青豆书坊（北京）文化发展有限公司调换，电话：010-84675367

目录

前言

我很好奇：你有没有收集过什么东西？也许你有一整本的足球明星明信片，书包上挂满了叮当作响的各种钥匙扣，或者满书架都是你最喜欢的作家的书。无论你是否意识到了这一点，事实上，几乎人人都会收集一些东西。

本书的主人公——查尔斯·达尔文和约瑟夫·道尔顿·胡克，都是非凡的收集者和敏锐的观察家。早在19世纪，他们就已经周游世界，考察了很多遥远和危险的地方，采集了令人兴奋和不同寻常的植物、动物、化石以及岩石样品（即标本），其中很多是欧洲科学家们前所未见的。他们利用这些非凡的标本和考察成果，解决了关于他们周围世界的许多重大问题。

作为生物学家，达尔文利用他对自然界的认识，推翻了人们对地球上的生命如何形成所持有的固有观念。他逐步认识到，所有的现代生物都是从一个简单的生物类型经过很多很多年缓慢发展或演变而来的。更重要的是，他还真的发现了这些缓慢变化是怎样发生的。他将这一开创性的理论称作“通过自然选择的进化论”。1859年，达尔文出版了讲述这一理论的家喻户晓的著作，这就是引起了巨大轰动的《物种起源》。

查尔斯·达尔文

然而，如果不是朋友们的鼓励和帮助，达尔文或许根本就不能取得这一成就。其中，没有人比本书的另一主角——约瑟夫·道尔顿·胡克的贡献更大了。胡克是享誉世界的植物学家、伦敦英国皇家植物园邱园的园长，他到世界各地去采集植物标本，以了解植物为什么会生长在各自的产地。胡克将自己的专长与想法毫无保留地分享给达尔文，使达尔文能够利用这些知识逐渐形成自己著名的理论。

更重要的是，胡克是勇敢又忠实的朋友，他一直聆听、质疑并最终捍卫了达尔文具有革命性的想法；而在那时，很少人把达尔文的想法当回事儿。

这是一个有关两位卓越人物的故事：他们对收集的共同爱好以及两人之间的深厚友谊，彻底改变了我们对世界的认知。

约瑟夫·道尔顿·胡克

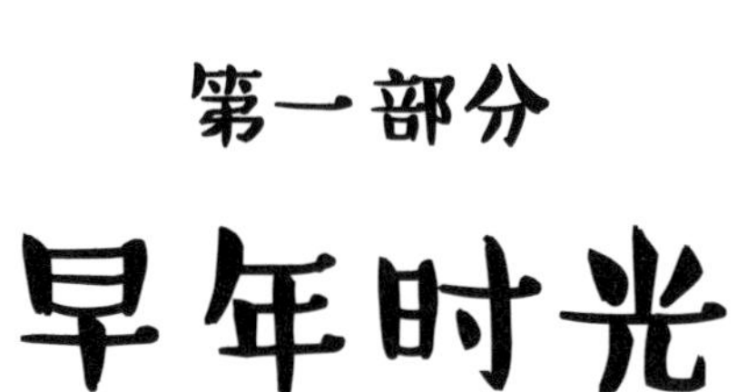

第一部分

早年时光

达尔文：童年、寄宿学校和甲虫

查尔斯·罗伯特·达尔文的家谱

1809 年 2 月 12 日，查尔斯·罗伯特·达尔文出生在英国的一个繁华城镇——什鲁斯伯里。

达尔文家漂亮的红砖房叫“蒙特庄园”，庄园里的生活舒适惬意。对于婴儿博比（父母对新生儿查尔斯·罗伯特·达尔文的昵称）来说，他此时并不知道自己出生在一个正经历着巨变和动荡的社会。

正在改变的世界

在欧洲，法国皇帝拿破仑·波拿巴正忙着发动一系列战争，企图扩大他的帝国疆域。而大西洋彼岸，新生的美利坚合众国也即将开始与联合王国（英国）开战。同时，在全世界范围内，英国正以其强大的皇家海军加强对其他国家的影响和控制。当时，这种帝国扩张虽然令强者弹冠相庆，却给殖民地人民带来了不幸的苦果。

近观国内，英国正处在工业革命之中，科学技术大革新正改变着人们的生活、工作和思维方式；城镇规模不断扩大，工厂如雨后春笋般拔地而起；煤气灯开始照亮城市的街道与房屋，乔治·史蒂文森① 即将制造出第一辆蒸汽机车。在意大利，亚历山德罗·伏打② 已经发明了世界上第一块电池（伏打电堆）。

工业革命正给英国带来巨大的变化。

有远见的家庭

达尔文的家人在这场工业革命中也扮演了重要的角色。达尔文的外祖父约西亚·韦奇伍德创办了一家著名的陶瓷公司，最早在工厂里批量生产瓷器。

达尔文的父亲这一边也都是些高瞻远瞩的人。他的祖父伊拉斯谟斯·达尔文是位知名的医生、诗人和哲学家。伊拉斯谟斯于 1794 年出版了《动物法则》一书，提出了久经时日“物种可变”③的观点，因而引起了一场轩然大波。这一理论之所以令人震惊，是因为当时绝大多数英国人都认为《圣经》中上帝七日造物的说法是千真万确的。他们相信，作为“总蓝图”的一部分，上帝按照它们现在的面貌设计了所有的生物。在创世的第六天，上帝创造了人来管理之前所创造的万物。世上万物以及每个人都有自己的固定位置。怀疑这个圣经故事，便是怀疑上帝的存在。危险的是，这也会让人连带怀疑英国社会长期以来运行颇为平稳的等级制度④。

---

① 乔治·史蒂文森（1781—1848），英国发明家，发明了世界上第一辆蒸汽机车。（除特殊说明外，本书脚注均为译者注。）

② 亚历山德罗·伏打（1745—1827），意大利物理学家，发明了世界上第一块真正意义上的现代电池，当时被称为伏打电堆。

③ “物种”是指一类非常相似并能交配繁殖的生物，“可变”指演化。

④ 在社会上，人们被分成三六九等的制度。

韦奇伍德花瓶

成长

有个如此有趣的家庭，小达尔文这般活泼好奇，也就不足为怪了。

达尔文的父亲罗伯特·华林·达尔文，是一位颇有名气的富有的家庭医生。他身材魁梧，经常神情严肃，还很容易发脾气，但实际上是个心地极为善良的人。

达尔文 8 岁时，母亲苏珊娜就去世了，他对母亲的记忆很模糊。幸运的是，作为家里六个孩子中的老五，达尔文有三个非常聪明且溺爱他的姐姐——玛丽安娜、卡罗琳和苏珊。她们如同慈母般呵护他，尽心竭力地教育和关爱他，让他开开心心地成长——甚至当达尔文已经长到个性倔强的十几岁，他的脚丫子太臭了的时候，姐姐们还会提醒他去洗脚！

达尔文的三个姐姐照顾着他。

最初的收集

达尔文家的大宅子蒙特庄园是个既快乐又热闹的地方，家里总是有人玩，有事做。但小时候的达尔文最热衷于两个爱好：收集物件和观察大自然。他收集物件的热情是无限的，任何东西他都收集：从贝壳、钱币和鹅卵石，到他父亲邮件上的蜡封，一样也不落下。

他对大自然的兴趣同样强烈，他会花上好几个小时在附近的采石坑里捉蝾螈，在花园里观察各种植物，到什罗普郡乡下去勘查。他父亲也鼓励他，并送了他最初的两本博物学书：一本是有关石头、化石和矿物的，另一本是关于昆虫的。在这两本书的启发下，他又开始收集昆虫。

达尔文收集贝壳、钱币和鹅卵石等物件。

寄宿学校

然而，达尔文的童年并不全是玩耍和游戏。他 9 岁的时候被送去上寄宿学校。他厌恶寄宿学校里几乎所有的东西：从拥挤不堪、臭烘烘的公共寝室到令人反感的食物，还有严酷的惩罚。最令这位初露头角的博物学家难以忍受的，是无穷无尽的古典学课程（拉丁语和古希腊语），他觉得这些课无比枯燥。

寄宿学校的生活枯燥无味，令达尔文十分厌恶。

大学教育

达尔文的父亲意识到寄宿学校不适合自己的儿子，便做出了一个大胆的决定：送 16 岁的达尔文去爱丁堡大学学医。

达尔文虽然很高兴离开了寄宿学校，却沮丧地发现医学跟古典学课程同样枯燥乏味。此外，他发现研究人体无聊透了。

然而，他也并非一无所获。在爱丁堡大学，达尔文与一位名叫罗伯特·格兰特[①] 的动物学家建立了深厚的友谊。正是在帮助格兰特进行研究的过程中，达尔文获得了他的首次科学发现——在显微镜下观察到微小的苔藓虫是如何繁殖的。对很多人来说，这似乎没什么了不起的；但对达尔文而言，那是激动万分的时刻，激励他终生从事科学发现。

---

① 罗伯特·格兰特（1762—1843），动物学家，在爱丁堡大学讲授自然史，研究栖息在海洋或内陆水域底部的生物（也叫底栖生物）。

达尔文在爱丁堡大学进行科学观察。

一些新想法出现

格兰特还给达尔文介绍了法国著名博物学家让 – 巴蒂斯特 · 拉马克[①] 的理论。拉马克确信，动植物在一生中会发生体质上的变化，并将这类变化传给后代。比如，他相信，长颈鹿的长脖子是一代又一代的长颈鹿为了吃到更高树枝上的叶子，而不断伸长脖子逐渐发展起来的。

像伊拉斯谟斯的《动物法则》一样，拉马克的这一理论在 19 世纪的英国引起了人们的愤怒与厌恶。

改变计划

抛开这一切不谈，此时的达尔文感到，医学并不是他的兴趣所在，继续留在爱丁堡已毫无意义。

达尔文决定从医学院辍学，这令父亲很不开心。实际上，这弄得父亲相当愤怒。他教训了儿子一顿之后，于 1828 年把达尔文送去剑桥大学基督学院就读。他的想法是，让达尔文先获得一个通识课程的学位（文科学士），然后再接受培训成为牧师。不过，如果达尔文的父亲认为送儿子去剑桥便能如他所愿的话，那就大错特错了……

剑桥大学基督学院

① 让–巴蒂斯特 · 拉马克（1744—1829），法国博物学家，著有《动物哲学》等，认为不同的物种在亲缘关系上会有关联。

达尔文在剑桥

达尔文在剑桥过得很开心，但都是阴错阳差所致。

达尔文大部分时间都花在打猎（捉狐狸等）和参加朋友聚会上，学习上则得过且过。他还骄傲地成为“馋嘴俱乐部”的一员，这帮学生常聚在一起吃一些一般人连碰都不会碰的山珍野味。[①]他们的菜单上有狐狸、獾和鹰，但在吃了一顿老到几乎咬不动的褐色猫头鹰肉之后，他们决定适可而止了。达尔文当时没能未卜先知的是，他不久还会在远离家乡之地吃很多更加怪异和奇特的动物呢！

在他所有这些开心的活动当中，达尔文竟然还有时间沉迷于他的新爱好：捉甲虫。带上捕虫网、罐子和盒子，他会消失在乡间好几个小时，到处寻找新标本。他不顾一切地丰富自己的收藏，有一次为防止一只甲虫跑掉，他竟把甲虫放在嘴里含着。不幸的是，受惊的甲虫在他嘴里喷出了恶臭的液体，刺得他的舌头灼痛难忍，他只好将甲虫吐了出来。万幸的是，那只甲虫并没有毒。

---

① 当时社会对野生动物的观念和现在不同，现在吃野生动物是违法的。

在剑桥时，达尔文虽然学习上不太上心，却收获了日后将改变他命运的一些友谊。毫无疑问，其中最重要的是他与牧师兼植物学教授约翰·亨斯洛[1]结下的友谊。二人亲密无间，达尔文总是坐在亨斯洛授课教室的前排。亨斯洛善良、温和且善解人意，他在与达尔文一起散步和就餐时的交谈，激发了达尔文对博物学的兴趣。

当面临毕业考试时，达尔文“临阵磨枪”，拼命复习。最终，他通过了考试，完成了学业，让父亲松了一口气。艰苦的学习结束后，达尔文决定出去旅行。他想说服父亲让他去特内里费岛[2]住上一年，去研究岛上的地质学与野生生物，然后，再回来接受牧师训练。

然而，当时的他万万没想到，自己即将收到一份邀请，而这份邀请将彻底改变他的人生，事实上也将彻底改变整个世界。

---

① 约翰·亨斯洛（1796—1861），英国植物学家、地质学家，创建了剑桥大学植物园并任园长，还兼任圣玛丽小教堂的牧师。
② 特内里费岛是西班牙靠近非洲海岸大西洋中的加那利群岛7个岛屿中最大的一个岛屿。

达尔文在剑桥大学开心地生活。

胡克：为植物学而生

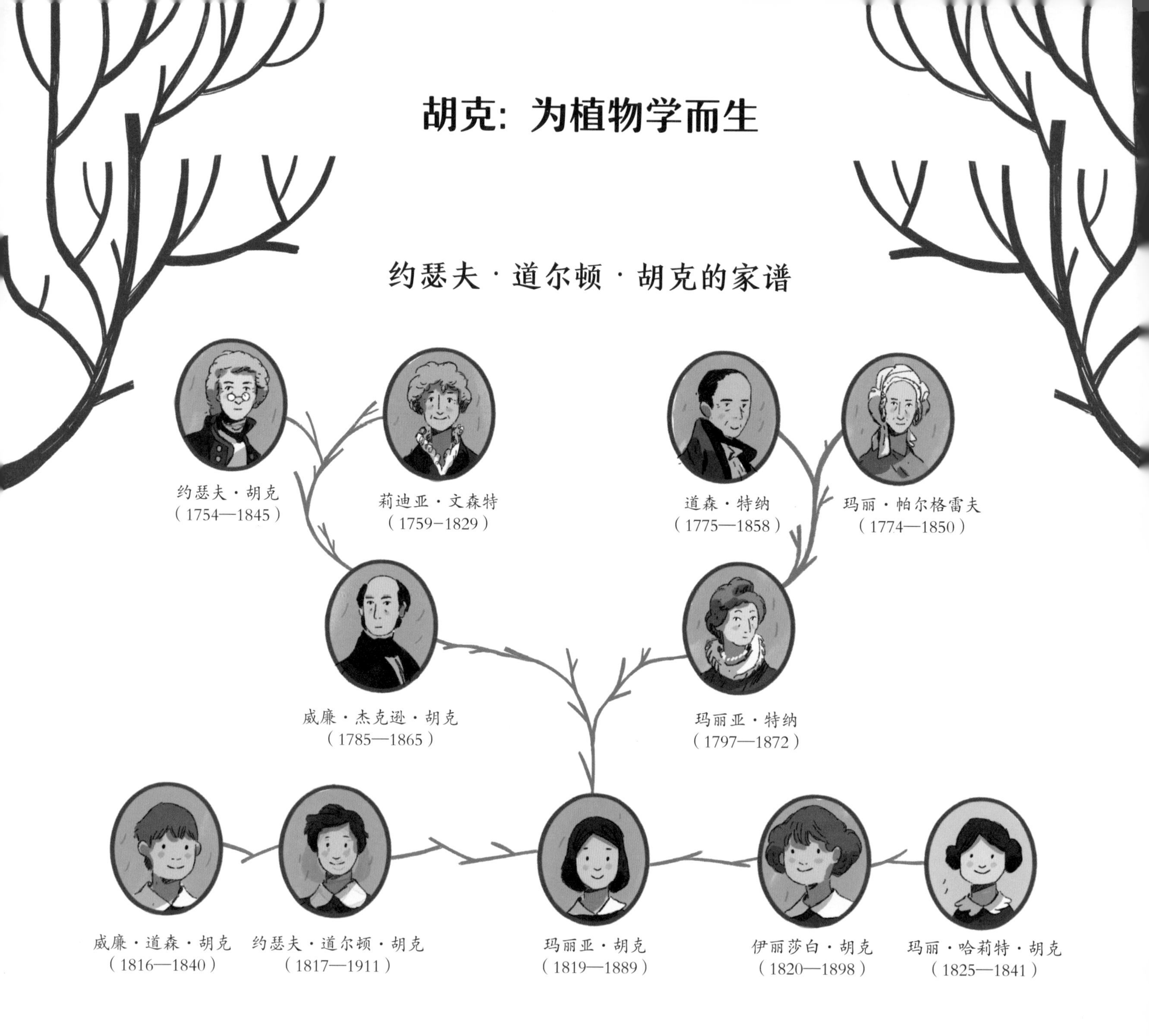

正当查尔斯·达尔文准备环球科学考察的时候，在500千米之外的苏格兰城市格拉斯哥，一位少年也在琢磨自己人生的重大里程碑事件。

他的名字叫约瑟夫·道尔顿·胡克，他即将开始在格拉斯哥大学的八年求学生涯。

胡克1817年生于英国萨福克郡，是家中的次子。父亲是著名的植物学家威廉·杰克逊·胡克爵士，母亲玛丽亚·特纳是著名的植物学家、银行家和鸟类学家道森·特纳之女。

胡克3岁的时候，因为父亲被聘为格拉斯哥大学的植物学教授，随全家移居苏格兰。

辉煌的植物学

植物学是研究植物的学科。如今在很多方面我们都离不开植物，所以大家都知道研究植物非常重要。然而，在那时候，人们对研究植物本身并不感兴趣，大学里只是把植物当作制药的有用原料而已。因而，植物学并不是受人尊重的学科——除非你是胡克家庭的一员。

胡克最开心的时刻——
置身于植物世界

有其父必有其子

胡克自小就跟父亲一样喜欢植物。他喜欢采集植物标本，而且很快就成了专业级爱好者。胡克是个早慧的孩子，刚满 7 岁就跑到大学去旁听他爸爸讲授植物学。

虽然胡克很勤奋，但他的家人最初并不认为他天资聪颖。然而，他 14 岁就上了大学，证明他们的判断错了！在大学里，他在开始攻读医学学位（当时还没有科学学位，医学学位是最接近科学学位的了）之前学习了很多课程，包括数学和古典学。胡克是一个十分好学的学生，有一次为了赶去上一堂课，他步行了近 40 千米。在课余时间，他沉迷于植物，创建了自己的风干植物收藏室（植物标本室）。

海军军官
约瑟夫·道尔顿·胡克

不寻常的工作机会

大学快毕业的时候，胡克开始考虑今后的人生打算。

胡克家不像达尔文家那么富裕，因而他需要有一份薪水高的工作。尽管他有医学学位，但他并不打算当医生，而对初出校门的人来说，要想谋得与植物学相关的职位，希望十分渺茫。

但胡克的运气不错。他父亲在上层社会有很多朋友，也善于利用这些关系帮助他。当皇家海军要派舰艇去神秘的南极冰原考察时，胡克的父亲为他谋到了一个随舰医生（也就是外科医生）的职位。

在那个年代，随舰医生常常兼任考察团的博物学家职责——在考察期间采集和研究动物、植物以及岩石。令胡克欣喜的是，他被任命为考察团的植物学家，这给他提供了一个独特的机会：既能开启植物学家的生涯，又能赚些钱。

作为皇家海军的军官，他得穿军装，遵守严格的舰艇纪律，担负舰艇上其他一些任务。然而，对于他将获得的非凡经历来说，这些代价都是微不足道的。

胡克急不可耐地等候着南极考察启程。

为航海生活做准备

考察船决定于1839年9月起航。行前几周活动安排得很紧张，胡克要为这次驶向未知世界的漫长而危险的旅程做好准备。

闲暇的时候，他沉浸在一本引人入胜的新书里。这本书是一位家族朋友送给他的，该书描述了一位年轻博物学家乘船航海五年环球考察的故事。胡克被书中令人兴奋的故事以及绘声绘色的描述迷住了。为了尽快读完，睡觉时他也把书放在枕头下面，一大早醒来就接着读。

这本书是《小猎犬号航海记》，作者正是查尔斯·罗伯特·达尔文……

达尔文的这本环球旅行故事书于1839年5月出版，离胡克本人将要出发探险仅隔几个月时间。

第二部分

探险与发现

达尔文的小猎犬号航海

1831年夏天，达尔文花了部分时间研究北威尔士的岩石与地貌，同时进一步计划他的特内里费岛之行。当回到家的时候，他发现亨斯洛教授一封令人兴奋的来信正在等着他。

这封信详细介绍了皇家海军小猎犬号军舰即将起航远赴南美洲考察，此行考察的目的是测量和绘制南美大陆的海岸线——以确保英国舰船在那里安全航行。

这次远航预计长达两年左右，舰长罗伯特·菲茨罗伊想要一位旅途中的伙伴。然而，并非什么人都可以胜任。菲茨罗伊想要一位受过良好教育的绅士做伴，并且这个人还能够勘察该舰所访各国的野生生物、地质和地理状况。达尔文可是最理想的人选。

青年达尔文对这样的
探险活动一直梦寐以求！

征求同意

面对这样一个机会，达尔文激动不已。然而，他的父亲（必须为儿子此行买单）对此却不以为然。父亲认为，航海探险是既昂贵又危险的举动。父亲告诉儿子，除非达尔文能找到另一位认为这是一个好主意的人，否则他就不能去。显然，父亲认为世上根本不存在这样的人。对达尔文而言非常幸运的是，还真有这么一个人——他的舅舅小约西亚·韦奇伍德。舅舅和他一起去跟罗伯特·达尔文商谈。达尔文的父亲果然没有食言，最终同意让儿子去了。

达尔文的父亲对儿子的前程曾另有安排。

出发

经过几周的耽搁，小猎犬号于 1831 年 12 月从普利茅斯起航，4 年 9 个月零 5 天以后才会归来。达尔文如果当时知道要离开这么长时间，也许当船在下一个港口停泊时，就会要求下船打道回府了。作为一个不会游泳的“旱鸭子”，他上船后，立即被致命的晕船击倒了——这种煎熬贯穿全程。连续几天，他都只能痛苦地躺在吊床里，什么也干不了。

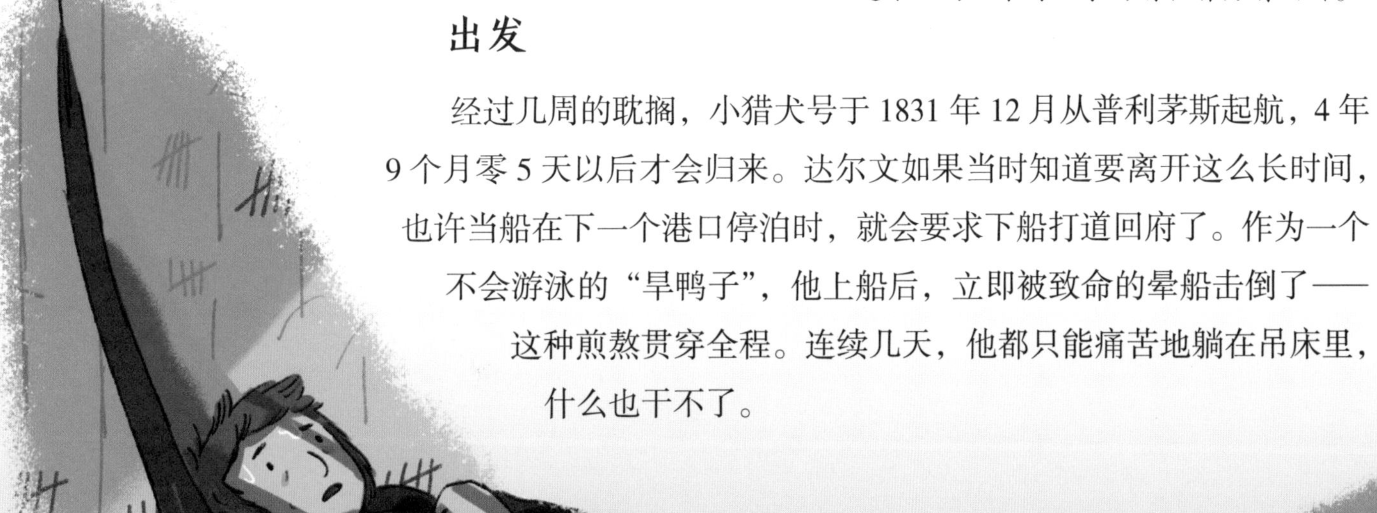

达尔文被晕船击倒了。

小猎犬号船上的生活

小猎犬号舰艇是一艘建于1820年的小型快速测绘船，长27.5米，宽7.5米。

共有74人挤在这艘船上，包括：

达尔文跟舰上的两名军官住在船尾甲板下面的楼舱房（又称“便便房”）里。船尾甲板是船尾用来放置导航仪器的一个短而高的甲板。

“便便房”只有3米长、3米宽，里面还放了一张海图桌，并堆放着一些书。白天，达尔文和军官们在这里工作；到了晚上，达尔文就在海图桌上方用吊索挂起一张吊床，并睡在里面。

舰上的定量食品包括牛肉、猪肉、可可、茶、面包、豌豆、糖和醋。醋是用来预防坏血病（因缺乏维生素C而引起的一种疾病）的。

菲茨罗伊舰长在舰上制定了严厉的纪律。凡是违反纪律、酗酒及不服管束的水手，都会被鞭打或戴上脚镣。

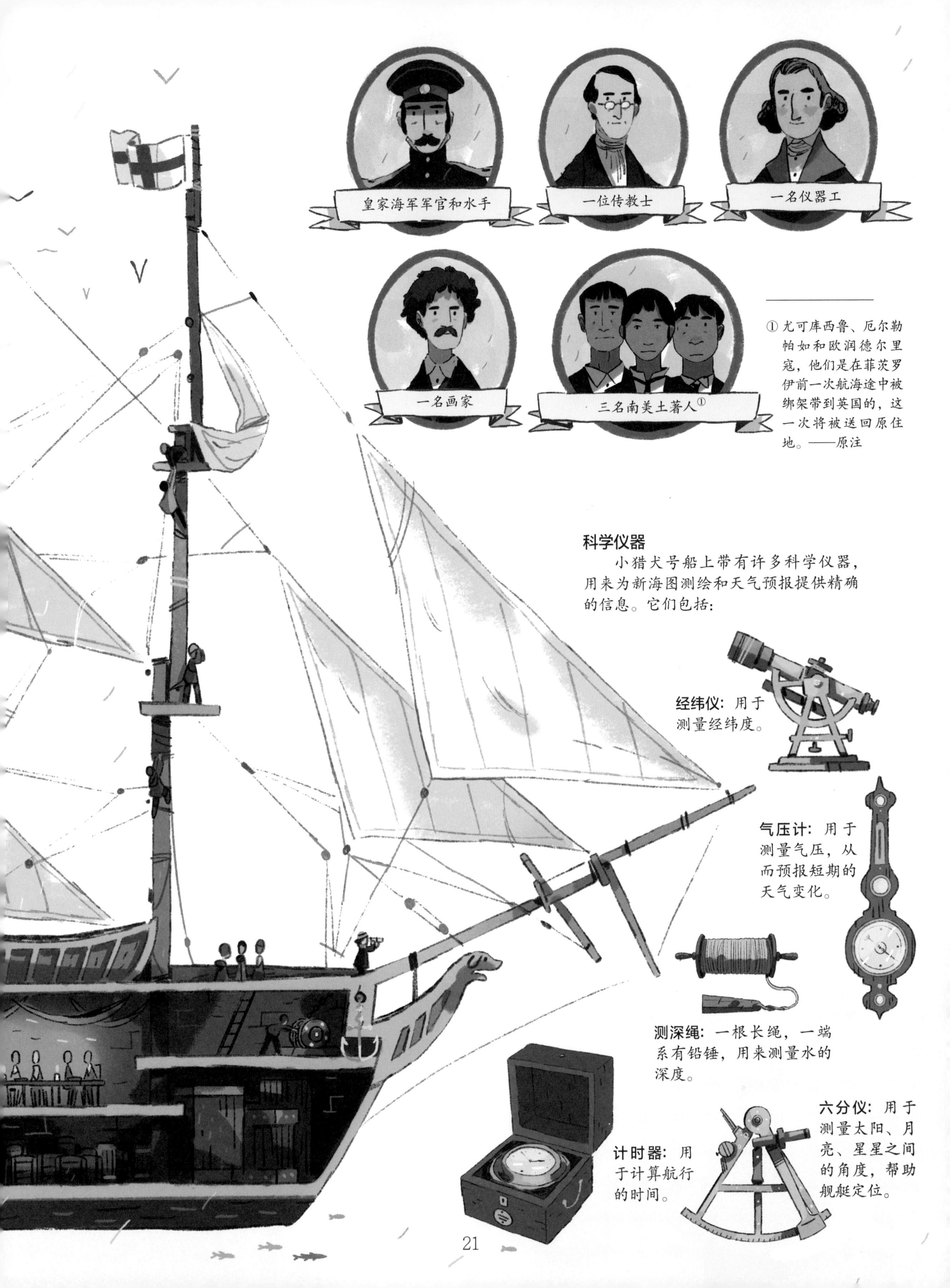

科学仪器

小猎犬号船上带有许多科学仪器，用来为新海图测绘和天气预报提供精确的信息。它们包括：

经纬仪： 用于测量经纬度。

气压计： 用于测量气压，从而预报短期的天气变化。

测深绳： 一根长绳，一端系有铅锤，用来测量水的深度。

六分仪： 用于测量太阳、月亮、星星之间的角度，帮助舰艇定位。

计时器： 用于计算航行的时间。

① 尤可库西鲁、厄尔勒帕如和欧润德尔里寇，他们是在菲茨罗伊前一次航海途中被绑架带到英国的，这一次将被送回原住地。——原注

抵达南美

当舰艇抵达巴西港口萨尔瓦多时，达尔文立即奔赴周围的热带雨林开始勘察活动。

从漂亮的青草、光鲜的绿叶到无数昆虫发出的震耳欲聋的声响，达尔文马上被周围的色彩、风景和声音迷住了。

在巴西期间，他们到了里约热内卢。达尔文在那里的热带雨林中逗留了更长的时间，采集了大量的动植物标本——其中很多标本之前从未被欧洲博物学家们记录过。

单单一天，在一小片丛林中达尔文就发现了 68 种不同的甲虫。对于大自然如此丰富的生物种类，他惊叹不已；对于动植物种种奇妙的行为，从蝴蝶用咔嗒声相互交流，到蜂鸟高速扇动翅膀，他全都深深着迷。

达尔文仔细观察，并把观察结果详细地记录在日记和家信中。他痴迷地采集他所能发现的一切，把所有标本都保存和包装起来运回英国，以供专家们研究和鉴定。

在巴西热带雨林中采集标本的达尔文，感到了回到家般的自在。

寻找化石

达尔文对周围地貌以及其中包含的秘密也非常好奇。当舰艇停泊在阿根廷海岸的布兰卡港时，他下船去找化石。他和几位同船的船员在悬崖处挖掘时，发现了大批动物的骨骼与牙齿化石，这些都是生活在远古时期的动物的遗骸。其中有一些看起来很像是巨大的穿山甲化石。由于达尔文前几天饮茶时刚吃过穿山甲的烤肉，他立马就认出了穿山甲化石。然而，令他感到莫名其妙的是，这些巨大的穿山甲化石，比他见过的穿山甲要大得太多！

达尔文和船员们发现了巨大的穿山甲化石。

在整个南美考察期间，达尔文陆续发现了许多巨大的哺乳动物化石——其中很多哺乳动物是千百万年前就灭绝了的。这些化石动物跟他周围所见的很多现生动物极为相似，这给他留下了深刻的印象。

他因此怀疑：两者之间会不会有直接的联系？

跟高乔人一起骑马

引起达尔文深思的，不仅仅是阿根廷的化石，还有那里具有传奇色彩的高乔人。

高乔人是在阿根廷草原（潘帕斯草原）上生活与工作的牧民。达尔文花了好儿周时间，兴高采烈地跟他们一起骑马奔腾、在星空下宿营以及学习打猎觅食。

高乔人热情欢迎达尔文，并教会了他不一样的生活方式。

关于美洲鸵

高乔人最喜欢猎食的动物之一是一种类似鸵鸟的鸟，被称作美洲鸵。高乔人向达尔文解释，当地有两种不同的美洲鸵——一种是比较大的“常见”种类，另一种是比较小的种类，后者与前者颜色不同，腿上的羽毛也更多一些。达尔文对此很好奇。他寻思着，为什么上帝要创造出两种略为不同的美洲鸵，而一种显然就足够了呀？

他决定猎取一只体型较小的美洲鸵，来亲自调查一下。他终于发现了一只——但并非通过他所希望的方式——舰艇上一位船员猎杀了一只美洲鸵并且煮了它。达尔文起先以为这只是一只普通美洲鸵的幼鸟，正当他大快朵颐时，突然惊恐地意识到这正是他一直“上下求索”的小美洲鸵！他不顾一切地赶紧把剩下的骨头和羽毛收集起来，以供研究。

普通美洲鸵

后来，这些骨头和羽毛被带回了英国，经专家研究发现，这是与常见的普通美洲鸵完全不同的物种——而不只是一个变种。为了表彰达尔文的贡献，这一新的物种的学名被定为“达尔文美洲鸵”。

达尔文美洲鸵

物种和变异

家猫和大型猫科动物是同一科里的不同物种。

物种

为了帮助我们理解生活在神奇的地球上数量惊人的不同生物，科学家们将其“分类”成不同的“物种”。物种是一群十分相似的生物，它们之间能够交配并繁殖出有生殖能力的后代。

变异

然而，记住这一点很重要，同一物种内的不同成员之间并不是一模一样的。看一看你的朋友和同学们。你们都是智人这一物种的成员，但有些人眼睛的颜色和发色是不同的。有些人高，而有些人矮。同一物种成员之间存在的差异被称为“变异”。

尽管属于同一物种，你和你的朋友们相互间都存在变异。

火地人

1832 年底，小猎犬号抵达南美洲南端的火地岛。

菲茨罗伊在几年前的一次航行中，已经访问过火地岛。当他返回英国时，在那里绑架了四名土著人带回英国。其中一人在抵达英国后不久就因患天花而悲惨地死去。剩下三人中，有一个年轻的女孩叫尤可库西鲁，两个年轻的男孩分别叫厄尔勒帕如和欧润德尔里寇；三人分别被改名为火地娃·小篮子、约克·大教堂和杰米·纽扣[1]。菲茨罗伊给他们穿上了“漂亮”的衣服，教会了他们自认为是“礼貌”的英国礼仪，甚至带他们去见了国王和王后。他们还被强迫学习和实践基督教信仰。菲茨罗伊期望他们被送回原部落之后，能够传播新的信仰以及“文明”的生活方式。

菲茨罗伊给这几位火地人穿上“漂亮”的英国服装，以试图“教化”他们。

当尤可库西鲁、厄尔勒帕如和欧润德尔里寇回到家乡的时候，他们与故乡火地人之间的差异，令达尔文十分震惊。当小猎犬号缓慢地靠岸时，那些等候迎接他们归来的人，一个个赤身裸体、蓬头垢面，并发出刺耳的叫声，这给达尔文留下了深刻的印象。虽然这类行为在菲茨罗伊、达尔文以及其他船员看来，可能很奇怪，但是对于火地人来说，却是完全正常的。他们只是生活方式不同而已。

18 个月之后，小猎犬号的船员们再次回到火地岛，他们想看看菲茨罗伊的“项目”实施得如何。他们发现那三个火地人已经抛弃了“新”的生活方式，过着跟去英国前一模一样的生活。达尔文看到豪华的服装与花哨的礼仪对火地人来说几乎毫无用处。这一经历深刻地影响了达尔文。虽然《圣经》说人类高于其他动物，但达尔文很清楚，剥除“华丽”的服装和“文雅”的礼仪，我们实实在在是自然界的一部分。

当重获自由之后，火地人很快回归了自己原来的生活方式。

令现在人难以置信的是，菲茨罗伊曾认为，通过引入“更好的生活方式”，他给人质及人质的部落帮了一个大忙。他的这种态度反映了当时欧洲人对世界其他地方的人的偏见。诚然，今天我们可以看清这一“项目”的真面目：一种植根于虚假与危险想法中的残忍实验。

[1] 三人名字的英文原文分别是Fuegia Basket、York Minister 和 Jemmy Button，明显有绰号的意味，所以采用意译，译名采用了译林出版社2020年4月版《小猎犬号航海记》的译法。

大地在动

1834 年 6 月，起航两年半之后，小猎犬号进入太平洋，沿着智利海岸向北航行。而前面，还有更多意想不到的事情等着他们。

达尔文在小猎犬号上，利用闲暇时间认真阅读了地质学家查尔斯·莱尔[①]（后来成了达尔文的好朋友）的一本书。莱尔相信，地球表面是经过漫长时间的缓慢变化形成的。如果此说是正确的话，那么，地球年龄要远远大于基督徒们用《圣经·旧约》里的说法计算出来的 6000 年。在智利攀登安第斯山时，达尔文发现了原本躺在海洋底部的贝壳的化石。正是在此处，他发现了经过无数年（远远超过 6000 年）海床一点儿一点儿地抬升形成高山的证据。

不仅如此，达尔文还亲身体验了这类重大的变化是如何发生的。在智利期间，他亲历了该地区一次毁灭性的大地震。在地面发生强烈震动后，达尔文吃惊地发现，许多长满海生贝壳的大石头，被永久地抬升到了潮汐带之上。当菲茨罗伊拿出测量仪器测量后，他发现地平面已经升高了大约 3 米。这正是莱尔所谈及的那一类地质变化。

---

① 查尔斯·莱尔（1797—1875），19世纪英国知名地质学家、英国皇家学会会员、地质学渐变论的奠基人。

达尔文在安第斯山上寻找化石。

加拉帕戈斯群岛

在达尔文造访过的所有神奇的地方中，最重要的一站是 1835 年 9 月小猎犬号所访问的加拉帕戈斯群岛。

加拉帕戈斯群岛位于距离厄瓜多尔海岸约 1000 千米的大洋中，由一系列火山喷发形成的小岛组成。其中最古老的一个小岛形成于大约 300 万年以前——但当你考虑到地球年龄是 40 多亿岁的话，这根本算不上古老。

加拉帕戈斯群岛有许多不同寻常和独特的野生生物。虽然很多动植物类似于南美大陆上的动植物，但也有一些跟达尔文以前所见过的完全不同。海滩的岩石上遍布着成群的海鬣（liè）蜥，它们不时地返回海水里去觅食。达尔文对它们的食性特别好奇——因为他以前不知道蜥蜴会到海水里找食物吃。

海鬣蜥

加拉帕戈斯群岛上不寻常的鸟类，也同样迷人。勇敢的蓝足鲣（jiān）鸟和黄莺径直跳向达尔文——一点儿也不怕人。在一次散步时，达尔文面对面地碰上了正在吃仙人掌的象龟。他测量了龟壳，发现它的周长有 2 米。加拉帕戈斯群岛的象龟如此之大，在它上山找水的路上，达尔文竟骑在它的背上“搭了一段便车”。它们是非凡的动物，然而却无法阻止达尔文和他的同船船员们把它们作为盘中餐。

加拉帕戈斯群岛的魔力之处还在于，各个小岛上的野生生物都不尽相同。比如，每个小岛上的象龟都有不同形状的背壳。但最令达尔文着迷的是雀鸟。这些小鸟在形状、大小和颜色上都很相似，但每一种都有不同的喙（嘴巴），这取决于它们生活在哪一个小岛上。达尔文注意到，每一种喙的形状都巧妙地帮助了那种雀鸟食用该岛上专有的食物。达尔文总共发现了 13 种不同类型的雀鸟。

在助手西姆斯·科温顿的帮助下，达尔文狂热地采集和保存了尽可能多的标本，以供日后观察研究。此时，他还要考虑余下的航程……

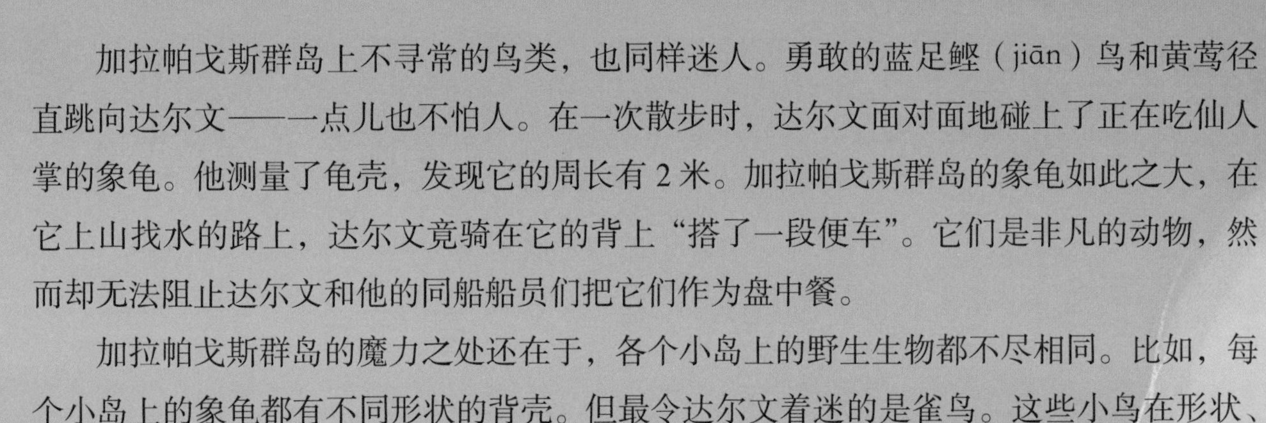

澳大利亚、新西兰和塔希提

小猎犬号穿过太平洋向西行驶，在驶向澳大利亚之前，停泊在塔希提和新西兰。

在这里，达尔文再次为之前从未见到过的大批奇特的物种而惊奇不已。长相古怪的鸭嘴兽尤其激发了他的想象力。有一天晚上，他在池塘边观看几只鸭嘴兽戏水时，注意到它们很像他记忆犹新的家乡的水田鼠。它们游泳、潜水以及遇到危险钻进岸边洞里去的样子，跟水田鼠一模一样。

达尔文心里寻思着，为什么全能的上帝要不厌其烦地为欧洲创造出水田鼠，而为澳大利亚创造出鸭嘴兽呢？为什么不创造出同一个物种将其放在世界各地？

琢磨着这些既奇怪又熟悉的动物，达尔文心中不禁泛起思乡之情。尽管澳大利亚有着奇特的野生生物以及令人叹为观止的美景，他仍然期盼回归英国海岸。当 1836 年 3 月小猎犬号驶离澳大利亚时，他迫不及待地想要结束这一史诗般的探险之旅。

回到英国

小猎犬号历经曲折，缓慢地驶向英国的法尔茅斯港，终于在 1836 年 10 月 2 日抵达。

洋溢着喜悦和如释重负的轻松感，达尔文下了船并立即登上了返回什罗普郡的马车。在离家 5 年零 3 天之后，筋疲力尽而又兴奋不已的达尔文终于在早饭时分回到家中。当他往嘴里塞着培根和鸡蛋的时候，不久前以乌龟汤和穿山甲烤肉为餐的时光，俨然已恍如隔世了。

年轻的达尔文启程探险后，家乡已发生了巨大的变化。

虽然家里的狗欢迎他的样子就像他昨天才出门似的，但达尔文离家期间，家乡已经发生了很大的变化。城镇扩展了，更多的工厂建了起来，绵延 1600 多千米的铁路已横穿英国。家人与朋友们都年岁渐长，同龄人有的已经结婚，有的已经有了孩子。然而，也许最大的变化是发生在达尔文自己身上的。

亨斯洛教授一直在努力支持达尔文的工作，将达尔文的众多发现与同行科学家们分享。达尔文欣喜地发现，自己采集的化石、植物与动物标本以及地质观察记录已经在当时的专家圈子里引起了相当大的轰动。

达尔文离开英国时，只是一个年轻的大学毕业生，懵里懵懂地打算日后当牧师。但他在 27 岁归来时，已决心扎根科学研究领域了。然而，在 1836 年，没有人能猜到他日后的成就将会多么卓越。

想法开始萌生

旅行多年之后，达尔文现在终于有了时间，来仔细考虑他所见过的那些奇异而美妙的东西了。

除了采集了1500个物种（用瓶装酒精浸泡保存）以及近4000件毛皮、骨骼与其他风干标本之外，达尔文还记录了2000页有关地质学和动物学的笔记。整理、鉴定和编录所有这些资料，需要花很多年的时间；此外，他正要着手写作此次旅行的官方记录，即《小猎犬号航海记》的前身。他一边工作，脑子里一边翻腾着无数的问题……

尽管《圣经》言之凿凿，但所有的证据似乎表明，地球上的生物并不是完全按照现在人们所看见的样子创造出来的。在达尔文看来，物种是缓慢变化的，从一个物种演变出了另一个物种。更重要的是，它们在几十亿年间一直这样演变进化着，因为地球显然要远比基督徒们所相信的古老得多。

生命之树

达尔文开始认真思考他的一些想法，并写在一系列私密笔记本里——现在称作“演变笔记本”。演变的意思是从一种东西变成另一种东西。

在其中一个笔记本里，达尔文画了一张“生命之树”的示意图，阐明了他的想法：地球上所有的生命都是从单一的共同祖先进化而来的。在达尔文的“树”的底部是最古老、最简单的生命形式，比如细菌。在树往上长的过程中，越来越复杂的后裔（比如蕨类、开花植物、真菌、软体动物和哺乳动物）沿着树干分生出来。

达尔文的“生命之树”示意图

然而，如果达尔文的直觉是正确的话，在这个智力拼图里还缺少一些重要的拼片。他所要真正弄明白的，是物种为什么会进化以及是如何进化的。

智力拼图里缺失的拼片

1838 年秋天，当达尔文阅读人口学家马尔萨斯[1]的一篇论文时，答案出现了。

在这篇论文中，马尔萨斯论证了世界上人口增长之所以没有失控，是由于饥荒、疾病与战争。每当其中任何一种灾难降临时，只有最强者得以生存下来。

达尔文清楚，同样情形发生在所有其他动植物身上。亲代（即父母）产生的大量后代中，只有一部分能活到成年阶段。只有最强者——那些最能应对环境挑战的——才能在生存斗争中幸存下来。达尔文把这一过程称作“自然选择”，并且意识到这是破解生物进化之谜的钥匙。

① 马尔萨斯（1766—1834），英国经济学家，著有《人口原理》等。

但是这一切，到底是如何进行的？

通过自然选择的进化

还记得达尔文在加拉帕戈斯群岛发现的雀鸟吗？它们是极为有趣的例子，展示了在自然选择力量的影响下，物种是怎样进化，新物种是如何形成的。

加拉帕戈斯群岛有 13 种不同的雀鸟。其中一些只生活在某些小岛上，每个物种之间都有轻微的不同。最明显的区别在鸟喙的大小和形状上，它们都特别有利于每种雀鸟吃各自所在岛上的食物。

加岛绿莺雀具有很细的针状喙，用来找昆虫吃。

大地雀的喙又大又粗壮，用来嗑开又大又坚硬的种子。

仙人掌地雀的喙又尖又长，用来拔出仙人掌果实里的种子。

拟鴷（liè）树雀长着大而强壮的喙，用来抠出藏在树干裂缝里的甲虫幼虫。它们还能用喙夹住小树枝，把藏在缝隙里的幼虫扒拉出来。

虽然这些雀鸟中的每一种都属于不同的物种，但它们都是南美大陆上同一种雀鸟的后裔。

7 最终，经过很多很多年，每个小岛上的雀鸟进化成了具有独特性状的不同物种。

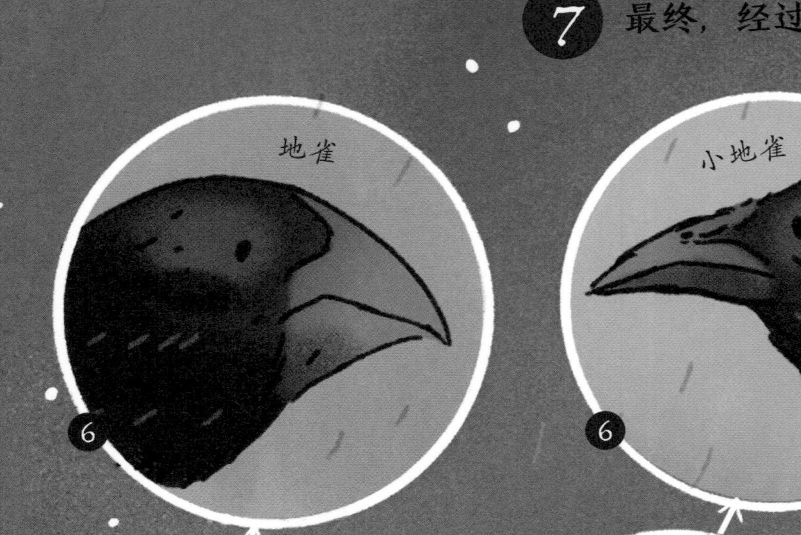

6 幸存的雀鸟留下了自己的后代，并将有用的性状传给后代。

5 这些雀鸟定居下来并产出雏雀。其中具有最适于自己所在小岛的有益性状的雀鸟，更有可能生存下来。

4a 在遍布坚果和硬壳种子的小岛上，生有粗壮喙的雀鸟要比生有纤细喙的雀鸟，更有可能得以生存。

4b 在满是昆虫的小岛上，能够口衔小树枝的雀鸟比那些不能口衔小树枝的雀鸟，更有可能生存下来。

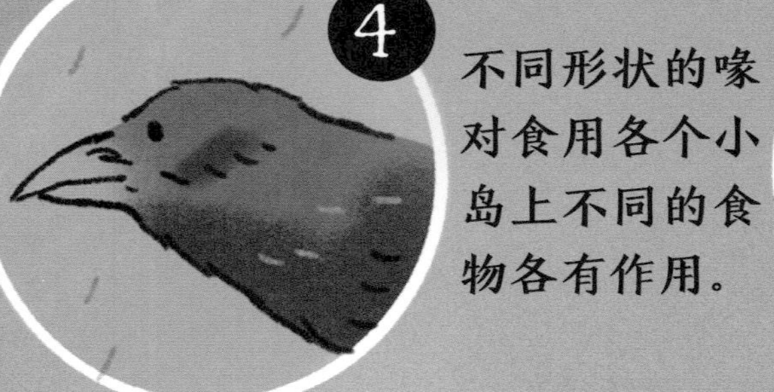

有些雀鸟生有稍微粗壮一点儿的喙，有利于碾碎坚果和种子。

4 不同形状的喙对食用各个小岛上不同的食物各有作用。

有些雀鸟生有稍微细长一点儿的喙，有利于捕食昆虫。

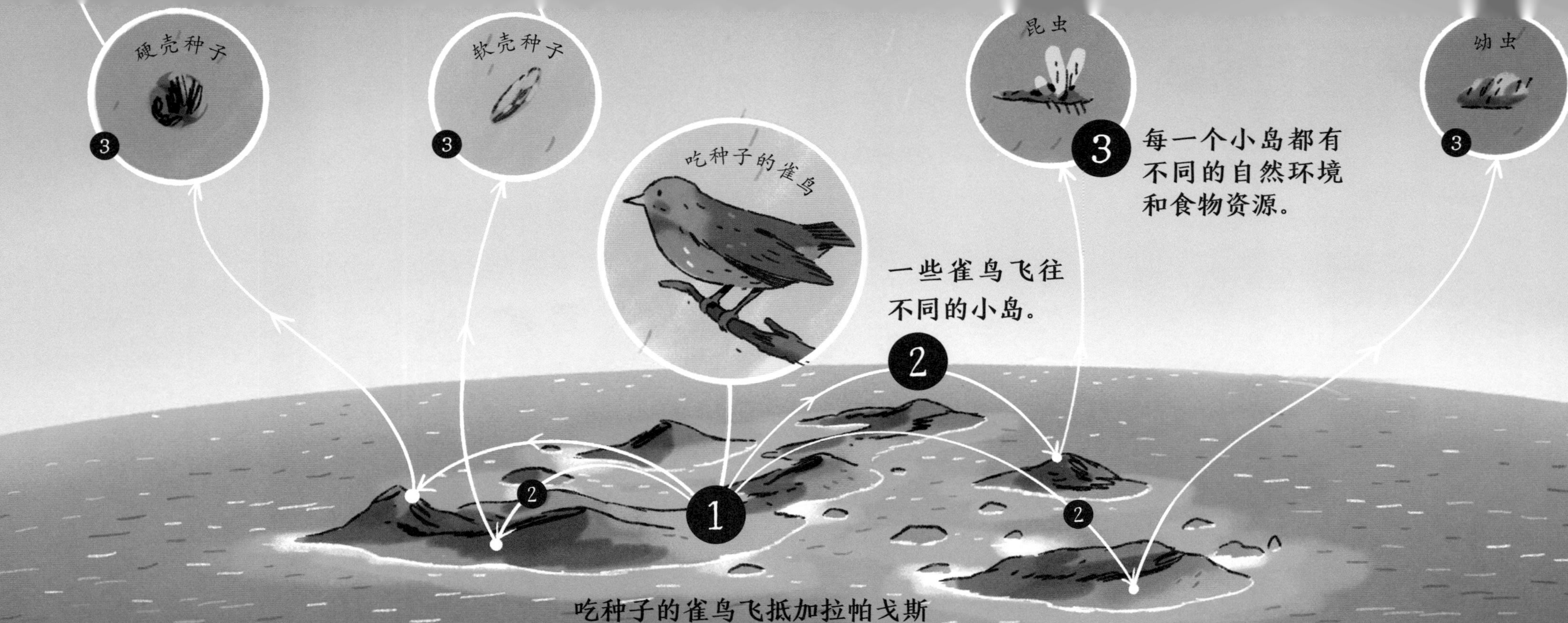

通过自然选择产生的进化

雀鸟新物种是如何形成的

1 大约 200 万年前，南美洲大陆上一个种群的吃种子的雀鸟，飞抵加拉帕戈斯群岛的某一个小岛上。

2 该种群数量逐步增长，最终一些更喜欢冒险的雀鸟飞到另外一些小岛上定居下来。

3 每一个小岛都有不同的自然环境和食物资源。有些小岛上有丰富的软壳种子，有些小岛上有丰富的硬壳种子上，还有一些岛上有丰富的昆虫可供雀鸟食用。

4 每一个岛上，在雀鸟挣扎着寻找食物以求生存的情况下，某些喙的形状确实比另一些更有用。

4a 在某些小岛上硬壳种子是主要食物资源，生有较粗壮喙的雀鸟要比生有较纤细喙的、不能嗑开硬壳的雀鸟，更有可能生存下来。

4b 在昆虫更丰富的小岛上，能够口衔小树枝找出朽木里的昆虫幼虫的雀鸟比那些不能口衔小树枝的雀鸟，生存的机会更大。

5 这些雀鸟在新的岛上定居下来繁殖，产出雏雀（后代）。其中具有最适于自己所在小岛的有益性状的雀鸟，更有可能得以生存。如同人一样，每一只雏雀跟它的兄弟姐妹都不完全相同。纯属偶然，同一窝里的有些雏雀从父母那里遗传下来一些有益的喙的形状——使它们在该岛的生存斗争中占有优势。

6 那些遗传了有益的喙的形状的雏雀活到繁殖后代的阶段，并把这些有益的喙的形状又传给了新的一代；而那些不能很好地适应自然环境的、不走运的后代，则做不到这些。这就是自然选择在发挥威力。

7 经过很多很多世代，自然选择带来的微小变化积累起来成为巨大的变化，原来的雀鸟就分化成为不同的物种了。

达尔文把这称为
“通过自然选择产生的进化”。

收集证据

现在到了真正困难的时候了——寻找支持这一理论的证据。

达尔文开始工作：收集事实，验证论据，进行实验，询问专家，并在他的“演变笔记本”里仔细记下所有探索和发现。这一工作在接下来的 20 年间，一直持续进行着。

眼下，他对自己的工作严格保密。这样做有着非常充分的理由。因为达尔文知道他的理论将会在英国社会尤其是科学界引起轩然大波，所以在公开自己的理论之前，他必须确保它无懈可击。

达尔文结婚了

在所有这一切进行的过程中，达尔文还一直在考虑另一个困难但更加现实的问题：他是否应该试试找个妻子。

1839 年，他与表姐埃玛·韦奇伍德结了婚。[①] 埃玛耐心、善良、聪慧，而且支持达尔文的工作。

其后几年里，达尔文全身心地投入到他的研究之中。然而，令他十分沮丧的是，自返回英国以来，他经常周期性地（每次会持续好几天）被一种神秘疾病所困扰而中断工作。他虽然看了很多位医生，但没有哪一位能查出病因，也不知道如何医治。

婚礼日的埃玛和达尔文

《小猎犬号航海记》

尽管如此，《小猎犬号航海记》出版的那个夏天，达尔文的精神还是好起来了。该书在公众与同行科学家中瞬间引起了轰动。因此，达尔文喜出望外。

---

① 当时近亲结婚的危害并没有被明确，欧洲一些显赫的家族会为了保持血统或经济地位，选择近亲尤其是表亲结婚。

埃玛是一位善良和有爱心的妻子，她悉心照顾着达尔文。

胡克与达尔文相遇

达尔文的书得以出版并不是那个夏天发生的唯一重大事件。

有一天达尔文在伦敦的特拉法尔加广场上漫步，偶遇了一位在小猎犬号上结识的船员。这位船员又把达尔文介绍给了他的同伴——一位戴着眼镜、瘦削而又结实的年轻人。他告诉达尔文自己即将启程前往遥远的南极。他叫约瑟夫·道尔顿·胡克。

平心而论，这一偶遇当时对胡克的影响要大于对达尔文的影响。毕竟，达尔文已经是著名的科学人物了，而胡克只是地位平平的随舰医生。更重要的是，为了准备自己的探险活动，胡克一直在忙着阅读一切有关达尔文的小猎犬号探险活动的资料。遇到心目中的英雄，胡克当时肯定怀有追星的心理。

两人当时都不知道，这匆匆一见，日后竟发展成为载入科学史册的重要友谊。

伦敦特拉法尔加广场

胡克的南极探险

胡克当时并不知道这次偶遇的重要性，他几乎没有时间思考未来，他把注意力全部聚焦在计划中的南极之旅上。

胡克将要乘坐的舰艇是艘坚实的木船，被称作幽冥号。它原本是一艘炮舰，是专门设计用来向敌军海岸防御设施发射炮弹的，坚韧如钢——十分适合冰海航行。

幽冥号由极富经验的舰长詹姆斯·克里克·罗斯指挥，同行的还有姊妹舰恐怖号，这两艘舰艇上官兵们的任务是找到磁南极[1]。磁南极和磁北极是地球表面的磁场最强的两个区域——分别在地理南极附近和地理北极附近。詹姆斯在 1831 年北极探险时已经确定了磁北极的位置。

---

[1] 磁南极是磁针所指的南极，与地理南极的距离约有2800千米。磁北极同理。

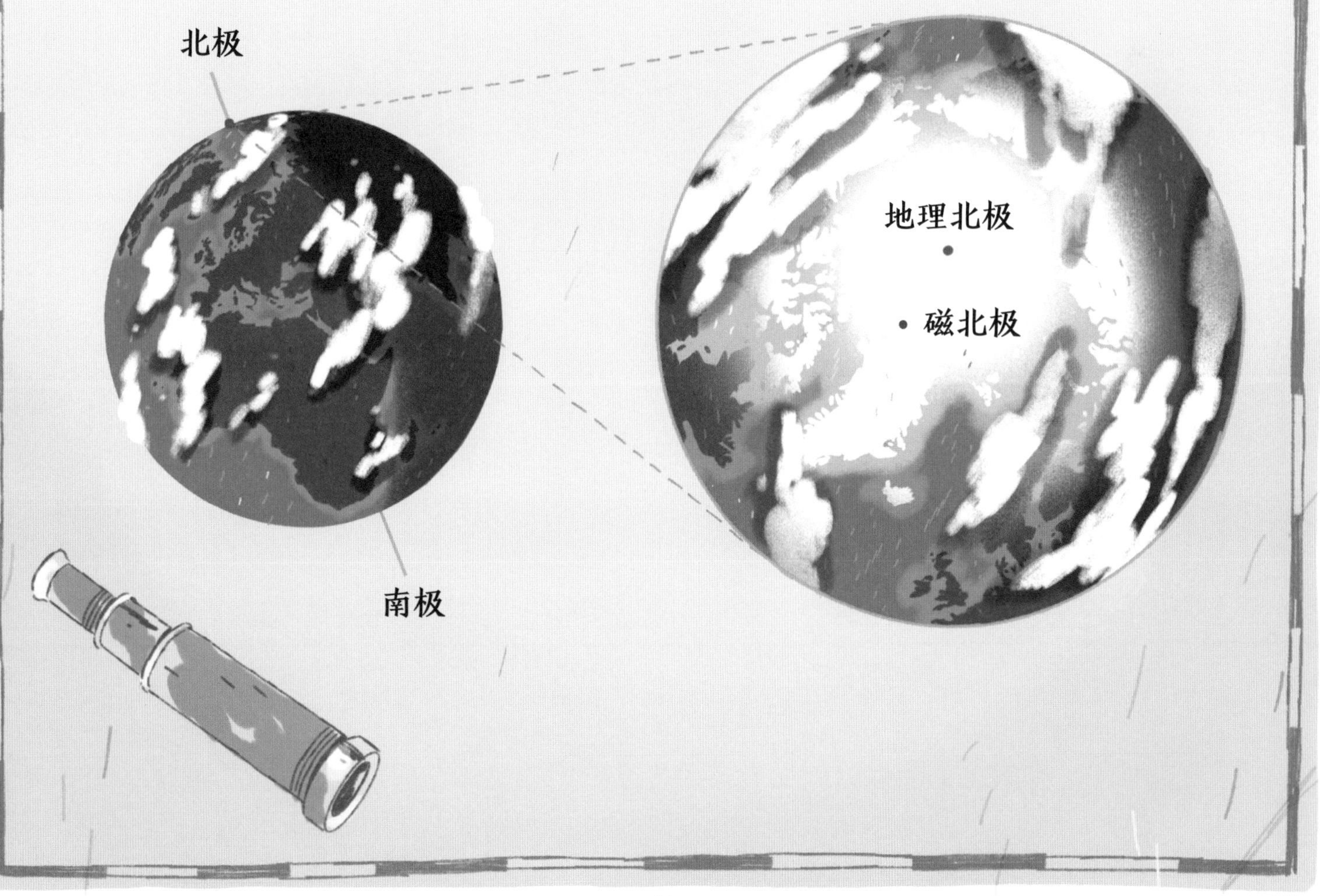

南下的旅程

幽冥号与恐怖号于1839年9月30日起航。南下时，它们沿途停靠在一些岛屿。在停留期间，胡克有机会上岸考察那里的植物。

在非洲大陆以西的佛得角群岛，胡克有生以来头一次见到了热带植被，他十分兴奋。之后，在南极圈外围荒凉的凯尔盖朗群岛上，胡克发现了一棵硕大而神秘、类似卷心菜的植物——被舰上的炊事员们拿去放进了汤里。

他思忖着，这一特别的植物是怎样到达这个遥远的岛上的呢？正是这类卷心菜难题引发了胡克对植物地理学的终生兴趣。特定植物为什么生长在特定地方？其中的科学规律是什么？他将在余生中满世界地寻找答案。

这也正是查尔斯·达尔文在追问的同类问题。正像达尔文已经做的一样，胡克也仔细观察，并尽可能多地采集标本。

在海上

在海上航行的时候，胡克忙于一系列任务：医治生病的水手，读取仪表数字，准备气象图以及检查舰船拖网打捞上来的海洋生物。坐在舰长室的桌子旁边，胡克用显微镜、铅笔和纸开心且熟练地绘制着他在拖网里或者岛上发现的动植物。

胡克在幽冥号上工作。

恶劣天气

然而旅途并非都是一帆风顺的。随着舰艇往南行驶，胡克开始感受到情况在变得越来越危险。1840年7月底，他们遇上了可怕的大风。一名水手被船帆击中，坠入海里淹死了。乘船去救他的四个人也被冲到海里，险些在冰水中丧命。同时，在一片混乱中，幽冥号与恐怖号两艘舰艇分开了。

幽冥号在单独航行时遇上了龙卷风，船帆被扯掉，救生艇被击碎。但最终，它抵达了澳大利亚塔斯马尼亚的霍巴特港，并在那里与恐怖号再度会合。

南极圈

幽冥号与恐怖号离开英国已经一年多了。到了驶向此行的主要目的地——南极的时候了。

1841 年元旦，它们穿越了南极圈，几天后遇到了一条冰带（海上巨大的浮冰块）。幽冥号不断地撞击浮冰的边缘，经过一个小时的冲撞，才终于打破坚冰。一周之后，它们才穿越冰块进入极地海洋的开阔海面，并进入了只有少数前人曾到访过的地区。

在危险的浩瀚冰原上，没有可供胡克考察的植物生命。但也有很多事情让他闲不住——包括只是努力地活着。那个月的晚些时候，他们发现了富兰克林岛。当全体船员登岛的时候，胡克脚下一滑跌入冰水中，差点儿被舰船与岩石撞得粉身碎骨。不过，他很幸运地死里逃生。

在继续航行的过程中，两艘舰艇遭遇了一眼望不到边、高耸直立的冰墙。这一巨大的屏障（现在被称为罗斯冰架）在当时是不可逾越的。由于无法继续向南航行，又怕陷在冰海之中过冬，舰艇只好调头返回塔斯马尼亚。

即便遇到棘手问题，全体船员该找乐子还是尽力找乐子。

12月，两艘舰艇再度驶往南极。这一次没有前一次那么幸运，就在圣诞节前几天，他们发现自己陷入了浮冰中，无助地随冰漂流。

为了保持士气，他们在环境恶劣的情况下尽力而为。将舰艇系在平坦的大块浮冰上，船员们在冰中凿出小村庄，准备庆祝圣诞节和新年。雪堆被切割出了小道，并挖出了房间以及座椅，船员们可以在里面饮酒、吃东西以及跳舞。还有能工巧匠刻出了巨大的冰雕——包括一座两米高的狮身人面像、给舰长们的豪华宝座、供舰上的小猪们赛跑的长跑道，甚至还有供水手们攀爬的涂了油脂的爬竿。

他们在音乐、游戏、舞会和宴席中，迎接1842年新年的到来。当地的企鹅从来没有见过眼前的奇景。

庆祝活动结束后，两艘舰艇继续想办法冲出浮冰重围。46天之后，他们终于逃出浮冰的围困。然而，他们的解脱是短暂的。不久，恐怖号在试图躲过冰山时，在黑暗中撞上了幽冥号。幽冥号因此严重受损，在迅速修补后，两艘舰艇一起驶往富兰克林岛去大修。

返乡

在经历了所有这些危难和冒险后，胡克厌倦了南极旅行，变得归心似箭。

继续南行的第三次尝试因恶劣天气泡汤，胡克不禁心中暗喜。因为舰艇被迫放弃此次使命，大家决定返回英国。

在起航 4 年之后，幽冥号与恐怖号最终于 1843 年 9 月抵达故乡。由于这一勇敢和坚韧的壮举，他们比以前的任何欧洲人往南行驶得都远。尽管他们未能抵达磁南极，但利用测量结果，已经可以计算出磁南极的位置。心存感激的胡克在伦敦的伍尔维奇码头跳下幽冥号，准备余生致力于植物学研究。

疲惫的胡克终于回家了。

胡克父子与英国皇家植物园——邱园

在英国，胡克的父亲工作上发生了有趣的变化。1841 年，他就任英国皇家植物园，也就是邱园的园长。邱园是坐落在伦敦的世界著名植物园，现在拥有世界上规模最大、最具多样性的植物与真菌标本。此前邱园只是皇室成员时常逗留的地方，彼时刚刚收归政府管理。上任伊始，威廉·胡克就着手将邱园转型为卓越的植物学研究基地，专门收集、培植和研究来自世界各地的植物。

尽管威廉有了新的重要职位，但他无法给儿子提供一个工作岗位。不过，他还是努力为儿子争取到了工作机会：只要安心利用探险考察中采集的 8000 个植物标本写一本书，胡克就可以继续领取海军军饷。得知这一消息，胡克终于松了一口气。

英国皇家植物园邱园中的棕榈温室

胡克高兴地收到了他十分崇拜的人的信。

一封意外的来信

胡克回到家中，行李几乎还未来得及打开，便收到了一份惊喜。这是一封不同寻常的信，写信人正是 4 年前他在伦敦特拉法尔加广场上匆匆而遇的达尔文。达尔文用闲谈式的温暖文字，在信里祝贺他的航海探险活动，并询问他是否乐意研究自己采自加拉帕戈斯群岛的植物标本。

尽管他手头的工作已经够忙活的了，但胡克无法拒绝达尔文的这一提议。他回信接受了。

这封回信也将开启其后 40 多年间两人频繁的书信来往，他们总共通信多达 1400 封。

第三部分

友谊与科学进展

达尔文和埃玛的故居唐宅，位于英国肯特郡

达尔文的学说在发展

在胡克出去探险期间，达尔文也没闲着。

达尔文在生病休养的间隙，花了大量时间研究他的理论，并四处写信求助。他收集专家们的意见，就像收集标本那样热切。不管是教授、外交官，还是养羊、养兔的农民或饲养场主，达尔文都虚心地向他们求教。

1839 年底，达尔文和埃玛迎来了他们的头一个孩子——威廉·伊拉斯谟斯·达尔文，之后又相继生下了 3 个女孩：安妮、玛丽和亨丽塔。达尔文夫妇总共生了 10 个孩子，其中 3 个在未成年时就不幸夭折了。

为了给持续扩大的家庭寻找更大的居住空间，达尔文和埃玛于 1842 年搬离伦敦。他们搬进肯特郡一个安静乡镇上的一栋大房子里，房子被称为“唐宅”。在这里，达尔文享受着乡间漫步，在自己的花园和温室里做实验，在杂乱但舒适的书房里忙忙碌碌。

“承认一桩谋杀案”

1844 年元月，坐在新家的书房里，达尔文鼓足勇气给胡克写了一封绝密信件。

在信里，达尔文明确表达了自己的信念：物种是可变的，并且自己已经发现了这一切是如何发生的。他把公开这一想法比作“承认一桩谋杀案”——对他来说，这真的很严重。

这是达尔文首次跟别人分享他的新理论。他感觉心都提到嗓子眼儿了，紧张地把信封好，赶快寄了出去，以免改变主意。现在他只能静等胡克的回信了。

达尔文信任胡克胜过任何人。

胡克支持达尔文

收到了胡克的回信，达尔文如释重负，感到暖暖的宽慰涌入心田。尽管胡克对物种可变还没有深信不疑，但是他很想进一步了解达尔文的理论。

这已经是达尔文所能期望得到的最好消息了。胡克是他可以靠得住的能给予他质疑和建议而又不会对他评头论足的人。从此以后，胡克成了达尔文最信任的知己。

达尔文对自己这位朋友的尊重和信任极深，以至于他在1844年病中留下的秘密嘱托里，提到假如他突然身亡的话，指定由胡克来帮助编辑他的理论纲要以供出版。更重要的是，3年后，胡克是达尔文的朋友中第一个看到且评论他的理论纲要的人。

一个警告

那一年的晚些时候，一本声称生物进化是有道理的书匿名出版了。很多读者把它斥为肮脏的胡说八道。这对达尔文来说是个预警，如果他公布自己的理论的话，也会遭到同样的反对；这也提醒他在将理论公之于世之前还有很多工作要做。

社会大众还没有准备好接受生物进化的观点。

加拉帕戈斯群岛上
各种独特的植物

植物学家的看法

达尔文关于生物进化论的主要证据之一是他采自加拉帕戈斯群岛的植物标本。精力充沛的胡克于 1845 年就完成了对它们的研究。令达尔文高兴的是，胡克鉴定出来的 200 个物种中，有半数都仅发现于加拉帕戈斯群岛，群岛中很多物种仅出自其中某一个小岛。

而这一现象只有达尔文的生物进化论可以解释。千百万年前，植物（尤其是种子）大概通过鸟类的粪便、被海水冲上岸或者被大风吹过来等方式从大陆抵达岛上，并在到达加拉帕戈斯群岛的各个小岛之后，生根发芽与繁殖。渐渐地，它们适应了不同小岛的自然环境。最终，经过很多很多年，它们发生了很大的变化，演变成了不同的物种。

达尔文的藤壶

胡克不只提供实际帮助，还让达尔文思考还能做些什么去支持其理论。在一封信中，胡克告诉达尔文，科学家们如果还没有亲自研究和鉴定过大量物种的话，就不应该表达对物种的看法。

听到这个建议后，达尔文立刻采取行动，着手对一种叫作藤壶的小型海洋动物进行了 8 年的细致研究。通过这一研究，他追踪了一整群的生物是如何在漫长的时间里演变为不同物种的。胡克帮助达尔文在显微镜下观察收集的藤壶，并仔细画下了观察结果。

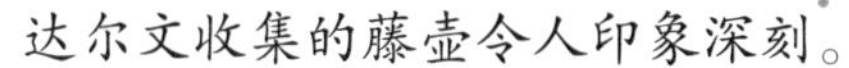

达尔文收集的藤壶令人印象深刻。

最亲密的朋友

作为唐宅的常客，胡克逐渐熟悉了达尔文的工作习惯，只要有时间就过去陪他。

早饭后，两人会到达尔文的书房去，达尔文坐在他的马毛椅上问胡克一连串的植物方面的问题。20 分钟后，极其疲惫的达尔文就需要休息了。

午饭前，两人会出去散散步。他们要检查一下达尔文在温室里做的实验，然后去唐宅附近被称作“沙径”的石子路上走几圈。这里也是达尔文每天雷打不动来两次的地方，他经常边走路边思考。

晚上，两人享受彼此的陪伴。他们一起读书，听音乐，聊天。

家庭的一部分

两人发现在一起的时光大有助益，互有启发而且非常愉快。他们相互学到了很多东西，也都喜欢闲聊以及开玩笑。

达尔文的孩子们也非常喜欢胡克——无论是在唐宅厨房里跟他一起吃醋栗，还是看到他浓密的眉毛上扬时开怀大笑，胡克一直是大受欢迎的客人。

胡克在唐宅
总是很受欢迎。

胡克的喜马拉雅探险

尽管胡克热爱他在唐宅的时光，看重与达尔文的友谊，但是他急需一份工作以及更多的钱，因此他不得不去往外地。

1844 年，胡克已经出版了他的《南极航海植物学》（也叫《南极植物群》）的第一部分，且备受称赞。此书还有三个部分，但他的收入远远不够维持生计。

胡克的父亲伸出援手，安排他前往印度①去为邱园采集植物标本、测量以及绘制地图，以帮助英国了解那部分领土的情况。

1848 年 1 月抵达印度加尔各答后，胡克分别骑大象、坐轿子以及乘船北上。沿途，他与同伴们密切留意着老虎、熊、鳄鱼以及强盗的出没。

① 1600年英国开始入侵印度。1757年印度沦为英国的殖民地，1849年全境被英国占领。1947年印度独立。

在漫长危险的旅途中，胡克更多地了解了印度的野生动植物。

最后，胡克抵达了印度东北部坐落在喜马拉雅山麓一个叫大吉岭的镇子。从这里出发，他到周围山里去采集植物，去的都是之前欧洲人未曾到过的地方。他一路上得到了许多当地人（绒巴人，印度人、尼泊尔人称之为“雷布查人”）的帮助，这些人非常熟悉本地区及其野生生物。

极限冒险

这些考察活动令人十分疲惫。胡克和他的探险队每天要行进长达9个小时，穿梭在密林中，在陡峭的山坡上爬上爬下，走过悬在汹涌河流上的摇摇晃晃的竹桥。

一路上，他们还不断遭遇蚂蟥、沙蝇、蜱（pí）虫和蚊子的袭击。随着他们爬得越来越高，胡克还出现了严重的高原反应——头痛、恶心和眩晕等。

宿营地也算不上是避难所。胡克的帐篷只不过是一条毯子搭在一棵树的树枝上，并不能抵挡雨雪和低温。更严重的是，食品经常短缺，因而他变得消瘦。他仅有的奢侈消遣是偶尔吸支雪茄以及与他领养的一只叫金钦的小狗做伴。

但坚强的胡克无视这些不适，他利用晚上画图，在烛光下给标本做标签，记日记和写信，而金钦就蜷卧在他的脚边。

有金钦做伴，胡克以科学的名义勇敢地对抗严寒。

胡克开始工作

很多工作需要完成。胡克发现了数千种未曾见过的植物——全部需要采集和研究。

这些植物包括杜鹃花属的很多新种，它们覆盖了喜马拉雅山麓。

在海拔 5791 米高的地方，胡克惊奇地发现了一种橘红色的地衣（由真菌和藻类共生组成的一种生物），他上一次见到它还是在南极的一个岛上。

杜鹃花

地衣

胡克很幸运能够平安获释，因为这一罪名通常会带来很严重的后果。

胡克遇上了麻烦

不用说，胡克在写回去的信中，把这些发现都告诉了达尔文。两人频繁通信，达尔文不停地问他有关该地区的野生生物、气候以及居民情况。胡克尽可能地一一回答。

以科学的名义，无论遇到什么麻烦胡克也不介意。不过在 1849 年事情失控了，他被锡金（当时与印度相邻的一个小国）国王关进了监狱，罪名是他未经允许就进入了锡金境内。在英国威胁要入侵锡金之后，处境窘迫的胡克最后平安获释。

年岁渐长、更加睿智的胡克拖着装了大约 7000 个物种的植物标本箱，最终于 1851 年回到了英国。

回到英国的土地

在经历了这么多充满刺激的事情之后，胡克觉得是时候安定下来了。通过将旅行中的发现写出来，他赚了一笔不菲的收入，这意味着他娶得起未婚妻弗朗西丝·亨斯洛了，他们在 1851 年 7 月结婚。弗朗西丝也是植物学家，是达尔文在剑桥的朋友亨斯洛教授的女儿。她支持胡克的研究和写作，并总是把它们放在最重要的位置上——尽管新婚令人激动。

还有胡克与达尔文的友谊——这也总是最重要的。此时的达尔文比任何时候都更需要胡克的友谊。就在胡克回到英国不久，达尔文 9 岁的大女儿安妮，因为得了一种不知名的病夭折了。几十年之后，当达尔文回忆起“最可爱可亲的孩子”时，依然泪流满面。他再也没能从失去安妮的悲痛中解脱出来。但“亲爱的胡克”回到身边，使悲痛欲绝的达尔文得到一些慰藉。

胡克和弗朗西丝

两位朋友感情牢固，互相照顾。

紧密联系

除了是可以倾诉的对象，胡克还是达尔文在工作上的重要的咨询顾问。达尔文即将完成藤壶研究，渴望尽快回到物种理论研究中。他希望自己努力得出某种结论的时候，胡克能够近在眼前。

自然选择：证据与实验

一系列的实验活动开始了，这时唐宅成了各种精心设计的实验的操作中心。

其中最怪异的实验设计是证明植物种子以及动物在旅行了很长距离之后，最终依然能够繁衍后代。如果达尔文不能证明这一点的话，那么，人们还会继续争辩说，是上帝把它们安放在那里的。

在热心的孩子们和持怀疑态度的胡克的帮助下，达尔文把种子放进盐水箱里连续浸泡好几周，模仿它们在海洋里长途漂浮的情形。他高兴地发现，其中绝大多数种子依然能够发芽。

达尔文的实验虽然奇怪，但总是能够激起孩子们的热情！

另一个相当可怕的实验是，达尔文把死鸭子的脚割下来，放到盛有淡水蜗牛的水箱里。在数了有多少个小蜗牛吸附在鸭脚上之后，他把鸭脚高举在空中摇晃着向前飞奔，试图模拟鸟类飞行的状态。实验结果再次令他印象深刻——很多小蜗牛牢牢地吸附在鸭脚上并幸存下来。达尔文认为，没有什么是太出格而不能实验的。

鸽友

在不做实验的时候，达尔文继续给世界各地的人写信，请教问题，收集信息。

在给他提供最重要的一些证据的人们中，有一些饲养和培育鸽子的养鸽人，他们被称为“鸽友”。通过选择具有特殊性状的个体进行交配，鸽友们已经培育出好几百种不同品种的鸽子。这些鸽子的形态、颜色和体型大小都不同，但它们都起源于同一种鸽子——岩鸽，这是至关重要的。

如果培育者能够在几百年间使圈养的一个物种改变面貌的话，那么，大自然肯定能在数百万年内通过自然选择形成全新的物种吧？达尔文把培育者所做的称为“人工选择”（人类制造或生产而不是自然发生的），他开始收集鸽子以便亲自做实验。

最终，他完成了实验，开始好好地写作了。就这样，经过 20 年的深思熟虑，达尔文于 1856 年坐下来，尽可能详细地把“自然选择学说”写出来。

胡克的职业生涯开始飞升

在达尔文从事所有这一切的时候，胡克也没闲着。

1853 年，弗朗西丝生下了第一个孩子——威廉·亨斯洛·胡克。他是胡克夫妇 7 个孩子中的老大，接下来还有 3 个女儿和 3 个儿子相继出生。

1854 年，胡克的《喜马拉雅日记》出版，扉页上印着“献给达尔文”。同样令人兴奋的是，一年后，约瑟夫·道尔顿·胡克被任命为英国皇家植物园邱园的助理园长。胡克跟父亲并肩工作，他的任务是帮助管理植物园——自威廉·胡克上任以来，园区已大幅扩建。现在园区扩大至 300 多英亩[①]，并且每个下午都对外开放；植物园共有 20 多个

① 1英亩约为4047平方米。

19 世纪 50 年代的邱园

温室、4500 种现生植物以及令人惊叹的植物标本馆。

升职让胡克更加繁忙，但他依然抽空帮助达尔文——给达尔文提供实验建议，并给他寄去成袋的邱园的植物种子做实验用。1856 年秋天，达尔文把自己有关植物地理学的手稿拿给胡克，请他阅读并提意见。胡克觉得写得太棒了——他理解达尔文的理论，更重要的是，现在他完全相信达尔文的理论是正确的。

有了朋友的支持，达尔文更加自信，继续勤奋写作，使学说尽可能地臻于完美。

但是，接下来发生的一件事，将他的写作计划抛入令人绝望的失控状态。

在最后关头被打倒

1858 年 6 月，达尔文收到了一个包裹。

包裹寄自半个地球之外的热带岛屿，来自一位名叫阿尔弗雷德·拉塞尔·华莱士的探险家、博物学家和野生生物采集者。达尔文期望包裹里有些有用的信息片段可供思考。当他发现包裹里是一份关于进化论的论文手稿，其内容几乎跟自己的理论完全相同时，你只能想象他当时是多么惶恐。20 年的辛勤劳动，到了最后关头却输给了别人。

阿尔弗雷德·拉塞尔·华莱士
（1823–1913）

达尔文简直感到天要塌下来了。

他现在该怎么办？抢先发表自己的理论而背叛华莱士？这是绝不可以的！一笔勾销自己的 20 年？也是绝不可以的！达尔文非常难过，只好去找他的朋友约瑟夫·道尔顿·胡克和地质学家查尔斯·莱尔支着儿。

他们俩都认为只有一个解决办法——达尔文与华莱士一起宣布他们的理论。这出乎达尔文的意料，但他也只好这么办了。

很幸运有这么多朋友的帮助，达尔文才克服了诸多困难。

宣布理论

这一历史性事件发生在 1858 年 7 月 1 日伦敦林奈学会的一次会议上，林奈学会是专门研究博物学的学术机构。

经历了那么多的前期准备，与他人共享理论成果对可怜的达尔文来说是一个十分扫兴的结局。他待在家里没有参会，不但拖着病体，而且还沉浸在丧子的悲痛之中——他 18 个月大的儿子小查尔斯最近刚患猩红热夭折。同时，华莱士依然远在海外。

代替两位作者参会的是约瑟夫・道尔顿・胡克和查尔斯・莱尔。在那个晚间漫长会议的末尾，学会主席托马斯・贝尔宣读了达尔文手稿以及华莱士论文的部分内容。当贝尔宣读结束时，达尔文原本准备迎接的地震般的反应并没有发生。在留下来听会的 30 多位科学家中，几乎连一声低语甚至咳嗽声都没有。也许他们尚未领会刚听到的报告的重要性？贝尔本人则在其后抱怨 1858 年没有什么重大发现。他将会对这一评论感到十分后悔。

怀着欣慰和感激，达尔文感谢了胡克与莱尔的慷慨支持。他感到，如果英国（乃至欧洲）最伟大的植物学家与地质学家能够支持自己的理论的话，这会有助于打破其他人的偏见。他正是这样告诉胡克的。

然而，目前看来，他预想的那些偏见还没有公开出现。达尔文把正在写的那本详细的书稿先放在一边，开始写一个内容较短的版本。他觉得没有时间可以浪费了。

胡克展示达尔文的手稿，但是没有收到他和达尔文所期待的反响。

《物种起源》出版

尽管一路磕磕绊绊，《物种起源》还是在 1859 年 11 月出版了。

有一天，胡克吓坏了，他发现自己的孩子在达尔文请他审阅的珍贵手稿上乱涂乱画了一通。胡克不好意思地向达尔文承认了这件事，但幸运的是，达尔文了解胡克的孩子们，对此非常理解，并说：“我还有旧稿子，否则这一损失不就让我完蛋了嘛！”

胡克的孩子们那天拿错了涂鸦纸。

另一个插曲是，出版社的一位编辑曾建议达尔文删减书稿的大部分内容，改成一本关于鸽子的书，他觉得这样做的话，达尔文的书会更畅销。幸运的是，达尔文根本没打算接受那位编辑的建议。

达尔文对《物种起源》并未抱很大期望。没想到这本书一经出版，就立即成了畅销书。第一版顷刻售罄，由于公众的渴求，这本书一版接着一版地印刷。从那时起，这本书就没有绝版过。不过，伴随着它的流行，达尔文一直害怕的愤怒、反对声也随之而来。他的很多朋友对他所写的东西很不高兴，说了很多难听的话。还有人指责胡克盲目追随达尔文。正是对他最要好的朋友的批评使达尔文感到痛苦，但胡克并不介意。胡克现在已经确信达尔文的理论是正确的，而且不怕在公开场合承认这一点。

达尔文的书是现象级畅销书，一出版就卖光了！

胡克捍卫达尔文

《物种起源》出版一个月之后，胡克成了第一位撰文支持达尔文理论的科学家，他在一篇关于澳大利亚植物的论文中提及了达尔文的理论。

一年后，胡克到牛津去，跟博物学家托马斯·赫胥黎一起，在英国科学促进会主持的一场辩论中，亲自为达尔文的理论辩护。可怜的达尔文因为病了，又未能出席。

托马斯·赫胥黎
（1825—1895）

塞缪尔·威尔伯福斯
（1805—1873）

他们的对手是极擅演讲的牛津大主教塞缪尔·威尔伯福斯。对达尔文的关于人类、兽类和植物都是从同一个简单生命形式演变而来的观点，这位脾气火暴的主教怒不可遏。在大怒之下，他质问赫胥黎的祖父母究竟哪一方跟猿猴有亲戚关系。思维敏捷的赫胥黎答道：他宁愿跟猿猴有亲戚关系，也不屑于跟用自己的智力来取笑严肃的科学辩论的人有任何关系。

此时，热血沸腾的胡克已做好充分准备，全然不顾吵闹的听众，勇敢地陈述了自己的论点，赢得了阵阵掌声。

达尔文后来承认，当他读到挚友在辩论会上的表现时，不禁流下了眼泪。很少有朋友能像胡克这样忠诚和勇敢。

胡克为他的朋友达尔文辩护。

《物种起源》的再版

达尔文的《物种起源》出版了，不久就会被翻译成 11 种不同的语言文字，但还远不止这些。

这仅仅是另一章的开始。达尔文率先表明，他的理论还不够完整，还有更多的问题需要回答、更多的批评意见需要应对、更多的缺漏需要填补。《物种起源》每次再版时，达尔文都会进行一些修改。在第五版里，他加入了“适者生存”一词，用作他的自然选择理论的简略表达。

达尔文在《物种起源》每一次再版时对其理论都有修订。

达尔文渴望寻找更多的证据去证实自己的观点以及完善论证，他要确保唐宅继续作为收藏他的许多标本的仓库以及巨大的实验室。达尔文、他的孩子们以及工作人员的实验对象，从兰花和食虫植物到低等动物蚯蚓等，唐宅几乎无所不包。有一次，达尔文让儿子弗朗西斯吹巴松管给蚯蚓听，竟没有一个人感到惊奇。看到蚯蚓没什么反应，达尔文把蚯蚓放进几个小罐子里面，然后把小罐子放在钢琴上，并让埃玛敲击琴键发出叮当声。这不过是达尔文家很普通的一天。

弗朗西斯和埃玛在为蚯蚓们演奏。

雄孔雀

达尔文的下一本书

雌孔雀

在实验间隙，达尔文开始撰写他的下一部主要著作，首次讨论人类进化问题。

在此之前，达尔文一直在避免详细讨论这一敏感话题。然而，到了 1871 年，他宣称：毫无疑问，人类也是从最为简单的生命形式进化而来的。

这本书的书名为《人类的由来及性选择》，该书也回答了困惑达尔文已久的一个问题：为什么同一物种的雄性个体和雌性个体常常看起来如此不同？这是他的理论尚未解答的一个问题。尤其令他想不通的动物是孔雀。雄孔雀与雌孔雀大不相同，前者拥有艳丽但似乎没什么用的尾巴。达尔文纳闷：雄孔雀为什么生有如此精致复杂的尾巴，这肯定会吸引来觅食的捕食者呀？

经过很长时间的深思，他终于找到了答案。雄孔雀的尾巴越大，就越有可能吸引雌孔雀跟它交配。因此，雄孔雀的尾巴进化得越来越令人印象深刻。达尔文称这部分理论为“性选择”，他深信性选择在人类进化中起了关键作用。

尽管这本书又获得了巨大的成功，但各家报纸也借机大大地调侃了达尔文一番——登载了把他画成猿猴的漫画。不过，达尔文并未感到特别的困扰。自《物种起源》出版，12 年来，他的理论已经逐渐被许多受人尊敬的思想家所接受。逐步地，他已经赢得了这场争论。在此激励下，也在家人和朋友们的帮助下，他继续之前的工作。

达尔文的又一本书获得了巨大成功。

胡克：邱园园长

与此同时，胡克也已周游了世界，研究和采集植物。然而，1865 年，这种长期在外考察的日子永远结束了。

胡克的父亲去世了，所以该由他继任英国皇家植物园邱园的园长了。这是一项艰巨的任务，牵涉太多的琐细事务。

在保持植物园正常运转的同时，胡克着手扩大邱园植物标本馆的收藏，并为邱园建立了第一个植物科学实验室。他努力要把邱园建成世界领先的植物学专业研究中心。

胡克登上了职业高峰

从邱园的办公桌到与世界上其他学者的商谈，意志坚定的胡克处处让人感觉到他的存在。他与植物学家同事乔治·边沁合作编写了三卷本的《植物属志》，其中描述了近 10 万个植物物种，并创建了植物分类学的方法，这个分类法普遍应用于整个英国。

移植到世界各地

其实，胡克的兴趣并不限于给植物标本编目。他的职责之一是帮助英国从橡胶、咖啡和茶叶等植物相关产业上赚钱。这涉及把经济作物移植到世界各地那些原本没有它们生长的地方，胡克对此很感兴趣。现在我们知道，这种做法对环境和脆弱的生态系统以及当地居民生计有很大危害；但在当年，包括胡克在内，很少有人意识到这一点。对于他来说，这是他的工作职责。他还因此被英国皇室加封了爵士头衔。

然而，胡克委实关心保护植物王国，他在 1877 年访问美国加州壮观的红杉林时所目睹的场景，激发了他要保护树木免受滥伐的愿望。

红杉树高达 40 米，
有 13 层楼那么高！

忠实的朋友

尽管忙于上述所有活动，胡克依然忙里偷闲，帮助达尔文。他利用自己的人脉关系网，确保达尔文的理论在世界范围内引起讨论并得到辩护。在邱园，为了帮助证实达尔文的想法，他进行了一系列的植物实验。

在胡克频繁访问唐宅期间，有一次他带去了从邱园的温室里摘的香蕉。香蕉在维多利亚时代（1837—1901）的英国可是稀奇的水果啊，所以对于病中的达尔文来说，它们简直就是一针兴奋剂。

不过，尽管自己身处病痛之中，达尔文也依然给予了胡克极其重要的支持。1863 年，当胡克 6 岁的女儿米妮夭折的时候，达尔文立即去安慰他，毕竟他自己也经历过同样的丧女之痛。同样，当胡克的爱妻弗朗西丝在 1874 年去世时，胡克又来找达尔文寻求慰藉，向他倾诉自己悲痛欲绝的心情。

达尔文的临终岁月

达尔文日渐衰老，已到了人生暮年。

达尔文的孩子们都已长大成人并搬离唐宅，而达尔文依然在继续他的项目研究，但他不再是那位与高乔人并驾齐驱或在热带雨林中追逐甲虫的“昔日英雄”了。现在，他的生活过得像时钟一样有规律……

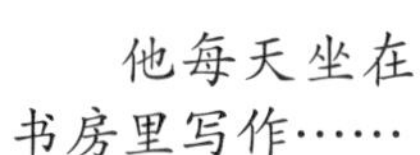

达尔文收获了应得的赞誉。

自始至终谦逊如一

达尔文开心地躲在唐宅，很少出远门。偶尔有一次去伦敦参加一个报告会，当他走进报告厅时，惊奇地发现听众们起立鼓掌。达尔文感到有些困惑，便转来转去看他们是在对谁鼓掌。过了好一会儿，他才反应过来，原来大家鼓掌欢迎的人正是他！

这将是达尔文余生中最后一次走在大都市繁忙的街道上。1882年4月19日，达尔文在家中因心力衰竭逝世，埃玛守在他的床边。虽然埃玛原来打算将他葬在唐宅教区教堂的墓地，然而英国人满怀敬仰地想把他跟英国其他伟人葬在一起，以纪念他们的科学巨匠。

达尔文的葬礼在威斯敏斯特大教堂隆重举行，他被葬在教堂中殿的北侧墓地，距离牛顿的墓仅有几步之遥。为他抬棺的几个人当中自然包括约瑟夫·道尔顿·胡克。

达尔文安葬在伦敦的威斯敏斯特大教堂。

达尔文逝世后胡克的生活

达尔文的历险生涯已经结束，而胡克还会继续健在 29 年之久。

1876 年，胡克与第二任妻子亚森特·西蒙兹结婚。亚森特是另一位著名博物学家的遗孀，胡克与亚森特生了两个儿子：约瑟夫和理查德。60 多岁的胡克依然像往常一样勤奋工作，不过他还是会抽出时间来陪小儿子们玩耍——他趴在地上佯装成一头凶猛的狮子，用他那毛茸茸的长胡子扮作狮子爸爸颈部的鬣毛。

理查德出生时，胡克已经 68 岁，他打算放慢生活节奏。他从邱园园长的职位上卸任，并把责任移交给他的女婿，全家搬到离伦敦不远的一栋大房子里。在那里，他还是整日从事植物学研究——从早到晚解剖、画图和鉴定。尽管他已从邱园退休，但他绝不会从植物学研究里退休。之后很多年里，他仍持续从研究工作中获得奖励和荣誉。

胡克绝不会停止工作。

“北斗星”

1893 年，胡克依然没有放慢脚步的迹象，他开始编写鸿篇巨制——全世界已知种子植物名录。

这本巨著名为《邱园索引》，这一浩瀚的编著工程是由达尔文赞助的，他在遗嘱里给胡克留下了钱。直到现在，这笔经费仍然资助全世界的研究人员对植物进行鉴定和科学命名。这正是彰显他们之间非凡友谊的丰碑。

这一友谊对胡克是如此重要，以至于他后来称达尔文为他的“北斗星”。在航海中，这颗星常为海员们指引方向。胡克曾是英国皇家海军军官，他选用这个词确实是对达尔文的最高赞誉了。

胡克自身的星光依然闪烁。1901 年，他回到格拉斯哥大学建立了第一个专门的植物学实验室。植物学那时已成为受人尊重的学科，而不再只是可怜的医学“表亲”（即附属学科）。全世界植物学家们都得感谢勤奋工作的胡克促成了这一转变。

然而，一如所有的星星最终都会燃尽，1911 年 12 月，94 岁高龄的胡克在睡眠中无疾而终。当亚森特 · 西蒙兹被问到她是否希望把亡夫葬在威斯敏斯特大教堂以便邻近达尔文时，她选择了把胡克葬在他父亲的墓地旁边，位于世界闻名的英国皇家植物园邱园大门外附近的圣安妮教堂。在那里，他可以一直看护着他最为骄傲的遗产。

圣安妮教堂，位于伦敦邱园绿地

第四部分

遗 产

胡克的遗产：为更好的未来播下种子

今天，邱园在鉴定、保护和研究我们地球上的植物与真菌领域，处于世界前沿。

邱园收藏了无与伦比的植物与真菌标本，还拥有由350多位科学家组成的研究团队，他们与全球的合作伙伴一起，试图了解和解决全人类所面临的一些最大的挑战：从应对气候变化、让日益增长的人口吃饱饭，到解决生态环境的破坏和疑难疾病。其中有些挑战是胡克熟悉的，其他一些则是他不熟悉的。然而，由于他的影响以及作为园长所标绘的航线，邱园在帮助保护我们脆弱的生命之树方面始终处于一个独特的位置。

今天的科学家与园艺家们在邱园工作。

然而，所有这一切还不够，我们还有一件更加根本的事需要感谢胡克：他在帮助达尔文发展和捍卫自然选择进化论的过程中起了重大作用。但是，在理解胡克的遗产中这一部分究竟有多重要之前，我们必须首先搞清楚，达尔文的理论为什么以及怎样彻底颠覆了传统……

达尔文的遗产：为新世界打开了大门

“自然选择进化论”具有革命性的意义，因为它揭开了地球上生命的奥秘，解释了人类以及所有生物是怎么来的。它从此塑造了我们的观念。

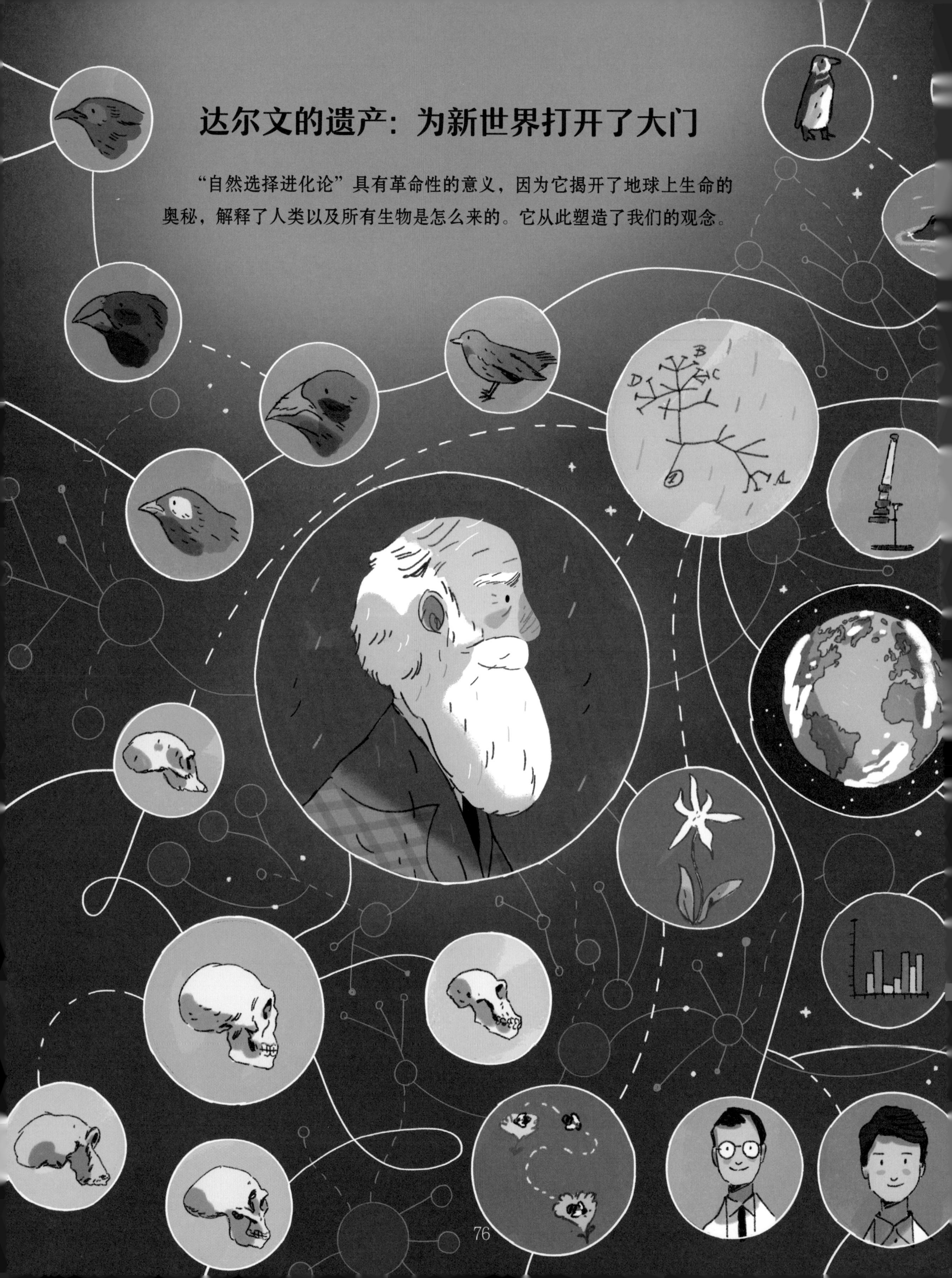

这就好像远在 1859 年，达尔文打开了一道秘密的门，通过这道门，一代又一代的科学家与思想家们涌现出来，每个人都做出了一些重要的发现并改变了人类生活。

无论你放眼何处，你都可以看到达尔文提出的进化论正在起作用：不仅反映在邱园的科学家们寻找保护世界生态系统的方法中，也反映在我们对待动物福利的态度上，甚至反映在我们理解心理学的方式上（为什么人类与动物的思维和行为方式是目前这个样子）。达尔文理论促进科学发展并帮助改变世界的最激动人心的例子也许是 DNA 的故事……

源自达尔文遗产的一些很了不起的人物、科学发现与突破

DNA 和进化论

基于其他遗传科学家们的研究，弗朗西斯·克里克与同事詹姆斯·沃森、罗莎琳德·富兰克林、莫里斯·威尔金斯，于 1953 年发现了生命建构模块之一——DNA 的结构。

DNA，又称脱氧核糖核酸，是组成我们基因的化合物，它含有生物生长、繁殖与运作所需要的全部指令。当生物繁殖时，它们把自己的 DNA 传给后代，正是通过 DNA，性状特征才能一代接一代地遗传下去。

克里克和沃森的突破解开了 DNA 如何工作之谜，解释了随着时间的推移组成基因的 DNA 的变化如何导致新物种的形成。

而达尔文对 DNA 或遗传学一无所知，性状特征如何从父母传给子女的难题，困扰了他一生。

莫里斯·威尔金斯、罗莎琳德·富兰克林、詹姆斯·沃森与弗朗西斯·克里克

由于克里克、沃森、富兰克林和威尔金斯的发现，科学家们能够比较生物的 DNA，计算出它们相互之间亲缘关系的远近。DNA 越相似，亲缘关系也就越密切。我们现在知道，人类与黑猩猩之间共享 98.8% 的 DNA。更重要的是，我们能证明（正如达尔文所怀疑的）：加拉帕戈斯群岛的雀鸟的确是从同一个物种进化出来的。我们可以想象，达尔文倘若知道这一切，该有多么激动。诚然，这是人类历史上最有名的“我已有言在先”的未卜先知时刻之一。

毫无疑问，达尔文会为他这一令人难以置信的洞见在实践中的种种应用，更加激动不已。今天，DNA 可以用于查出家庭间的亲缘关系、侦破犯罪案件以及培育抗病害的农作物。科学家们还能借此预测人们罹患癌症等疾病的可能性，并创造出更有效的药物和治疗方法去战胜这些疾病。

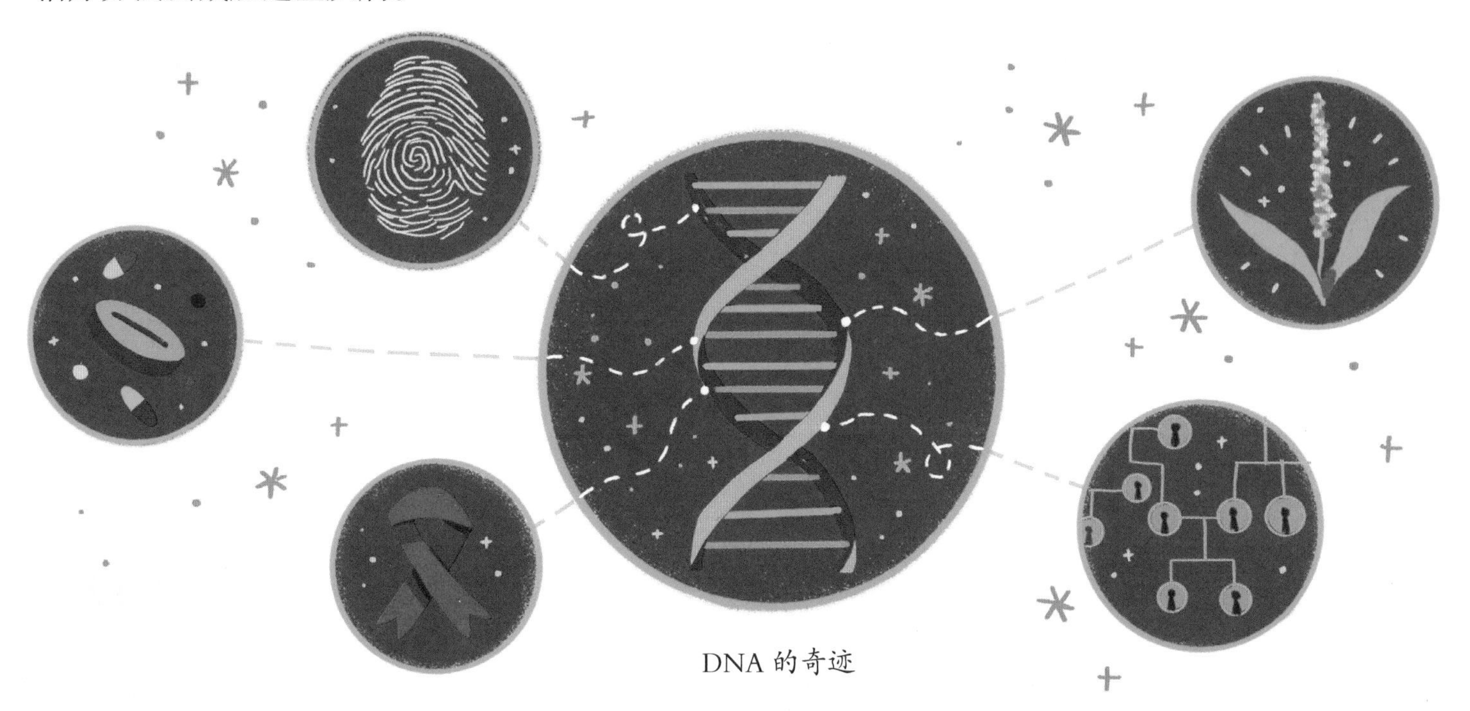

DNA 的奇迹

这些仅仅是 DNA 科学成就里的一部分，而且只是开端而已。科学家们对遗传学了解得越多，他们能够做的事情也就越多。这方面的可能性似乎是无限的。

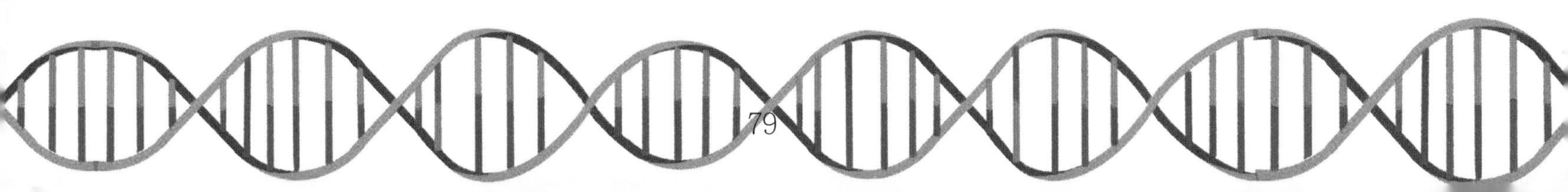

结语

所有这些发现（过去、现在和将来的）都应感谢一个人。

此人具有勇气和顽强的决心去寻求真理，并到别人不敢踏足的地方冒险：他就是查尔斯·达尔文。然而，就像我们的故事所讲，正如物种不是孤立产生的，达尔文的理论也不是孤立地横空出世的。

在人生暮年，达尔文声明他的成功主要取决于自己观察自然和收集事实证据的能力。他或许可以加上：大多数事实证据是在大批社会各界人士的帮助下收集得来的。

因此，达尔文的胜利也部分地属于这些人：无数的家庭成员、朋友、同事、商人、雇员、笔友以及偶然相识的人。在达尔文的整个研究生涯中，他不断地收获着来自这些人的帮助、专业知识和友谊。

当然，其中最重要的当属才华横溢、睿智和忠诚的约瑟夫·道尔顿·胡克，与胡克的友谊无疑是查尔斯·达尔文不平凡一生中最珍贵的收获之一。

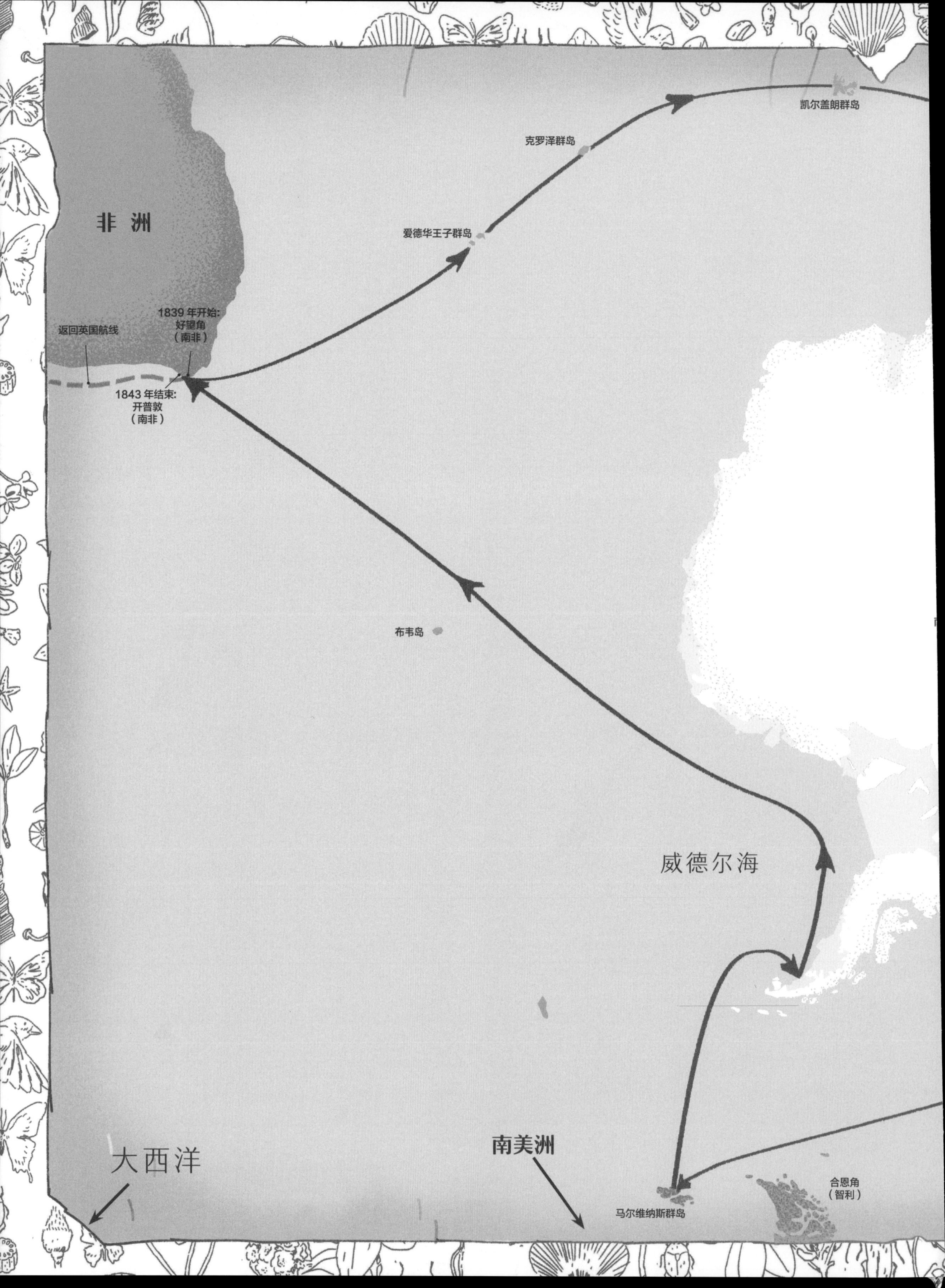

凯尔盖朗群岛
克罗泽群岛
非 洲
爱德华王子群岛
1839 年开始:
好望角
（南非）
返回英国航线
1843 年结束:
开普敦
（南非）
布韦岛
威德尔海
大西洋
南美洲
合恩角
（智利）
马尔维纳斯群岛